建筑给排水及暖通施工图

设计常见错误解析

主　编　王智忠

副主编　张鹤　李庆华　桂玲玲　陈东明

主　审　汤健　李灏

主编单位　中铁合肥建筑市政工程设计研究院有限公司

副主编单位　中铁时代建筑设计院有限公司

参加编写单位（按编写章节排序）

安徽汇华工程科技股份有限公司

黄山市建筑设计研究院

淮北市建筑勘察设计研究院有限公司

JIANZHU JIPAISHUI JI
NUANTONG SHIGONGTU

SHEJI CHANGJIAN CUOWU JIEXI

U0171158

参与编写人员名单（按姓氏笔画排序）

马原良	王智忠	邓丽华	邓绣坤	邓腾龙
冯一颖	刘斌	朱伯伟	李杰	李宁
李庆华	李佳林	李炳辉	何伟	张苏成
张鹤	陈东明	柯仲明	胡计成	洪志成
桂再胜	桂玲玲	秦修璋	唐世华	郭淮成
曹金徽	程鹏	俊	戴晓峰	

时代出版传媒股份有限公司
安徽科学技术出版社

图书在版编目(CIP)数据

建筑给排水及暖通施工图设计常见错误解析 / 王智忠主编;张鹤等副主编. --合肥:安徽科学技术出版社,2022.7

ISBN 978-7-5337-8581-9

Ⅰ.①建… Ⅱ.①王…②张… Ⅲ.①建筑工程-给水工程-工程施工-建筑制图-错误-分析②建筑工程-排水工程-工程施工-建筑制图-错误-分析③采暖设备-建筑安装工程-工程施工-建筑制图-错误-分析④通风设备-建筑安装工程-工程施工-建筑制图-错误-分析 Ⅳ.①TU82②TU83

中国版本图书馆 CIP 数据核字(2022)第 007489 号

建筑给排水及暖通施工图设计常见错误解析

王智忠 主编

张 鹤 等 副主编

出 版 人:丁凌云　　　选题策划:王菁虹　　　责任编辑:王菁虹
责任校对:李 茜　　　责任印制:梁东兵　　　装帧设计:王 艳
出版发行:安徽科学技术出版社　　　http://www.ahstp.net
（合肥市政务文化新区翡翠路 1118 号出版传媒广场,邮编:230071）
电话:(0551)63533330
印　　制:合肥创新印务有限公司　　　电话:(0551)64321190
（如发现印装质量问题,影响阅读,请与印刷厂商联系调换）

开本:787×1092　1/16　　　印张:7.25　　　字数:130 千
版次:2022 年 7 月第 1 版　　2022 年 7 月第 1 次印刷

ISBN 978-7-5337-8581-9　　　　　　　　　定价:55.00 元

前 言
PREFACE

百年大计，质量第一，这是从事建筑工程设计、施工、监理人员一直坚守的理念，建筑工程质量直接关系到人民生命财产安全。水暖专业的设计质量对保证小区与建筑物的施工质量，保证用户使用安全、适用、节能、节水、环保等均有重要影响。建筑工程设计质量最基本的要求就是满足国家相关设计规范和设计标准。为了切实提高建筑工程设计质量，我们组织了一些多年从事水暖专业设计的人员，结合他们多年的设计实践，对水暖专业设计中的常见错误进行了系统的汇总分析，以便引起大家的重视，为提高建筑工程质量做些工作。本书主要面向水暖设计专业初学者和刚从事水暖设计的人员。本书对建筑工程项目管理人员、施工人员和相关专业的大中、专学生也有一定的指导作用。

《建筑给排水及暖通施工图设计常见错误解析》一共分十一章，其中前6章为给水排水专业内容，后5章为暖通专业内容。

本书第一章、第二章、第十一章由安徽汇华工程科技股份有限公司负责编写，参加编写的人员有唐世华、李宁、曹金徽、戴晓峰、胡计成。

本书第三章、第八章由黄山市建筑设计研究院负责编写，参加编写的人员有洪志成、程鹏、柯仲明、程俊、何伟。

本书第四章、第九章由中铁合肥建筑市政工程设计研究院有限公司负责编写，参加编写的人员有王智忠(本单位书记、教授级高级工程师、国家一级注册建筑师、安徽省建筑工程消防设计评审专家、安徽省绿色建筑评价标识委员会专家、合肥市建筑节能和绿色建筑技术专家)、李庆华、马原良、朱伯伟、邓绣坤、邓腾龙、李佳林。

本书第五章、第七章由淮北市建筑勘察设计研究院有限公司负责编写，参加编写的人员有郭淮成、李炳辉、冯一颖、邓丽华。

本书第六章、第十章由中铁时代建筑设计院有限公司负责编写，参加编写的人员有张鹤(本单位书记、教授级高级工程师、国家一级注册建筑师)、刘斌、桂玲玲、张苏、桂再胜、李杰、秦修璋。

陈东明同志组织了本书的编写工作，提出了"对社会负责，对读者负责，对自己负责"的编写理念，多次与编写单位一起研究解决编写中遇到的问题，与编写人员一起对不同阶段的书稿进行反复修改、完善，努力使书稿语言表达规范、严谨、科学。

本书在编写初稿完成后,我们请汤健、李灏、卜福、余红海4位专家进行了书面审阅,他们从专业角度对书稿提出了很多宝贵意见。

本书主审汤健:安徽省城乡规划设计研究院副院长、教授级高级工程师、注册设备(给水排水)工程师,长期从事给水排水工程规划设计工作,先后完成各类设计及规划数百项;获得的省级以上规划设计奖项有30余项,发表论文多篇。对本书提出了很好的指导意见。

本书主审李灏:合肥工业大学设计院(集团)有限公司教授级高级工程师,长期从事暖通空调设计工作,专业主持、设计完成上百项重大工程设计任务,获得国家、省、部等各级设计奖项10余项,主编多部安徽省工程建设地方标准及标准设计图集,发表论文多篇。对本书提出了很好的指导意见。

对以上在本书编写工作中给予我们指导帮助的专家和其他工作人员一并奉上我们的谢意。由于我们水平有限,书中可能出现疏漏和不足之处,请业内专家及广大读者给我们批评指正。

编　者

目 录
CONTENTS

第一章　制图及图纸深度 ··· 1

　1.设计说明中几路水源、市政供水水压等基本情况未交代清楚,不
　　满足设计要求 ··· 1

　2.给水管分类不明确、适用场合错误、试压情况不明晰等,不满足
　　设计和使用要求 ··· 1

　3.缺明露金属给水管道和设备保温做法、水管井内的保温和防结
　　露措施未注明、遗漏水表防冻措施等,不满足设计和使用要求 ········ 2

　4.从管道井引至各户内给水管道有时要经过敞开式走廊,管道敷
　　设在楼板面层内管线过长,未考虑保温措施,不满足使用要求 ········ 2

　5.抗震设计缺专项说明、抗震设计的基本内容、抗震节点图等不满
　　足规范要求 ··· 2

　6.绿色建筑及节水节能专项设计等不满足规范要求 ····················· 3

　7.管道穿建筑抗震缝时技术措施处理错误,只做一次金属软管;甚
　　至有排水管穿建筑抗震缝的情况发生等,不满足现行规范要求 ········ 3

　8.试验压力未按分区确定,统一试压造成标准太高或太低;阀门等
　　附件所选耐压等级与试压值不对应等,不满足相应规范要求 ········· 4

　9.公共厨房及其加工间部分给排水设计不详尽,设计深度不满足
　　规范要求 ··· 4

　10.幼儿园给水排水设计不完善,大量设计和管理问题无交代,不
　　满足深度要求 ··· 4

　11.卫生间详图设计未标注尺寸、标高等,不满足设计深度 ·············· 5

　12.设计图纸中,叠字叠图、符号重复等现象,不满足制图标准 ·········· 5

　13.大型地下室顶板下的各类管线设计不满足地下室净高要求 ········· 6

　14.排水横集管转换时与其余专业管线交叉时,因设计不合理,
　　不满足净高要求 ··· 6

15.随意创造图例,大量图面表达不符合给排水设计制图的基本要求 … 7

16.设计说明中缺乏必要的各类水消防系统施工注意事项(如管道
材料、设备安装、管道试压冲洗等),不满足设计深度要求 ………… 7

17.水泵房设计时内容不全,不满足设计深度要求 ……………… 7

18.未注意给排水专业与其他专业交叉时的问题,各专业设备布置
在同一处等问题,造成现场无法施工,不满足施工和使用要求 …… 8

19.设计说明中生活供水各分区的压力参数错误,不满足给水分区
要求 ……………………………………………………………… 8

20.设计说明中一些常用的基本设计参数(如给水定额、用水量等)
没有交代,不满足设计深度要求 ……………………………… 9

21.工程设计中缺给排水管线穿越楼板和墙体时的具体要求,缺孔
洞周边密封隔声措施,缺防火防水封堵技术措施等,不满足设
计深度要求 ……………………………………………………… 9

22.泵房给排水管线和设备未设计减振降噪和隔声措施,不满足深
度和使用要求 …………………………………………………… 10

23.管道吊装时,支吊架的间距及具体做法不满足设计要求 ……… 10

24.设计中未充分利用室外市政给水管网压力直接供水,不满足节
水节能要求 ……………………………………………………… 10

25.消防水箱设计缺锁具、水位表达、保温等,不满足深度要求 …… 10

26.室外埋地排水管道的基础做法未说明,不满足深度要求 ……… 11

第二章 室外给排水部分 …………………………………………… 12

1.室外雨污水管道设计时,基础资料不全,不满足设计要求 …… 12

2.住宅小区大型地下室顶板上部覆土偏少,造成室外管线敷设困
难,不利于室外管道设计,不满足规范和现场使用要求 ……… 12

3.室外给排水管道的选材不满足设计深度和使用要求 ……… 12

4.排水检查井布置时不满足相应要求 ………………………… 12

5.公共餐饮业厨房室外排水应注意的事项未交代,不满足规范和
使用要求 ………………………………………………………… 13

6.室外布置化粪池时不满足规范要求 ………………………… 13

7.建筑物室外消火栓设计不满足消防要求 …………………… 13

8.室外给排水设计未考虑海绵城市等相关设计,不满足相关地区
　　的海绵城市设计要求 ……………………………………………… 13

9.小区内室外管线综合设计不满足规范要求 …………………… 14

第三章　给水系统 …………………………………………………… 15

1.给水系统中倒流防止器遗漏设置、安装位置不满足规范要求 …… 15

2.给水管道上的阀门设置部位及选用原则不正确 ……………… 15

3.生活给水泵房的设置位置、泵房内设备布置不满足规范要求 … 16

4.自动排气阀的安装位置不正确 ………………………………… 17

5.给水系统中未按照规范设置管道过滤器 ……………………… 18

6.室外给水管道覆土的深度不满足要求 ………………………… 18

7.室内给水管道敷设和布置不符合规范要求 …………………… 18

8.室内给水管暗敷时,错误地将管道敷设在建筑物结构层内 … 19

9.给水支管暗敷墙体、垫层内时设计不合理 …………………… 19

10.叠压供水设备使用不规范、不合理 ………………………… 20

11.变频供水泵组的选择配置不节能 …………………………… 20

12.生活水泵吸水管和出水管的设计不符合规范要求 ………… 21

13.持压泄压阀缺少检修阀门和排水设施,不符合规范规定 … 22

14.管道井布置和内部管道设置不满足要求 …………………… 22

15.底层给水管道布置时未避开地下室设备用房 ……………… 23

16.减压阀组的安装位置及设计选型不合理 …………………… 23

17.中小学化学实验室内未设计给排水设施 …………………… 24

18.生活饮用水水池、水箱的设计不满足规范要求 …………… 24

第四章　热水系统 …………………………………………………… 26

1.集中热水供应系统回水管设置不当 ………………………… 26

2.热水循环系统未采用措施保证循环效果 …………………… 26

3.热水管网缺温度补偿措施 …………………………………… 27

4.热水管网未设排气和泄水等装置 …………………………… 27

5.太阳能热水系统设计说明及设计图纸内容不完全 ………… 27

6.居住建筑未设太阳能热水系统,且未同步设计热水管 …… 28

7.医院集中热水供应系统设计容易忽视的问题 ……………… 28

8.热水系统管网缺具体防膨胀措施 ⋯⋯⋯⋯⋯⋯⋯⋯⋯⋯⋯⋯ 28

9.热水系统供水干管和回水干管不宜变径 ⋯⋯⋯⋯⋯⋯⋯⋯ 29

10.公共浴室淋浴器未采取有效的节水节能措施 ⋯⋯⋯⋯⋯ 29

11.热水竖向分区过大,且与冷水竖向分区不一致 ⋯⋯⋯⋯ 29

12.热水管道及设备未做保温处理 ⋯⋯⋯⋯⋯⋯⋯⋯⋯⋯⋯⋯ 29

13.多于3个淋浴器的配水管道,未布置成环形 ⋯⋯⋯⋯⋯ 29

14.密闭式水加热器冷水进水管小于热水出水管 ⋯⋯⋯⋯⋯ 29

15.局部热水供应设备选用及设置不当 ⋯⋯⋯⋯⋯⋯⋯⋯⋯⋯ 30

16.与热水器相连的热水管采用塑料管或钢塑管 ⋯⋯⋯⋯⋯ 30

17.太阳能热水系统设计常见错误 ⋯⋯⋯⋯⋯⋯⋯⋯⋯⋯⋯⋯ 30

18.水加热器的冷水供水管未设止回阀 ⋯⋯⋯⋯⋯⋯⋯⋯⋯⋯ 31

19.安全阀前误加阀门、泄水未泄至安全处 ⋯⋯⋯⋯⋯⋯⋯⋯ 31

20.热水系统循环水泵扬程过大 ⋯⋯⋯⋯⋯⋯⋯⋯⋯⋯⋯⋯⋯ 31

21.水加热器未设温控装置 ⋯⋯⋯⋯⋯⋯⋯⋯⋯⋯⋯⋯⋯⋯⋯ 31

22.热水管穿楼板等处未设套管 ⋯⋯⋯⋯⋯⋯⋯⋯⋯⋯⋯⋯⋯ 31

23.老年人照料设施、安定医院、幼儿园、监狱等建筑中为特殊人群
   提供沐浴热水的设施未采取防烫伤措施 ⋯⋯⋯⋯⋯⋯⋯ 31

24.热水系统仅在各楼层热水分支总管设水表计量不妥 ⋯⋯ 32

第五章 排水系统 ⋯⋯⋯⋯⋯⋯⋯⋯⋯⋯⋯⋯⋯⋯⋯⋯⋯⋯⋯⋯ 33

1.生活排水立管布置时往往忽视下列问题,造成设计错误 ⋯⋯⋯ 33

2.阳台、露台排水管道未按规范要求设计 ⋯⋯⋯⋯⋯⋯⋯⋯⋯⋯ 33

3.建筑物雨水管道布置时数量偏少或穿越规范规定不应穿越的区域 34

4.建筑物排水管道布置时不满足规范相关要求 ⋯⋯⋯⋯⋯⋯⋯ 34

5.建筑物室内排水管道的管材选择时忽视了下列问题,造成管材
   选用错误 ⋯⋯⋯⋯⋯⋯⋯⋯⋯⋯⋯⋯⋯⋯⋯⋯⋯⋯⋯⋯⋯⋯ 35

6.建筑物内排水地漏设计位置不合理,选型错误 ⋯⋯⋯⋯⋯⋯ 36

7.靠近生活排水立管底部的排水支管连接未按规范要求设计,造
   成底层污水反溢 ⋯⋯⋯⋯⋯⋯⋯⋯⋯⋯⋯⋯⋯⋯⋯⋯⋯⋯ 37

8.设计说明对塑料排水管伸缩节设置要求表述不清 ⋯⋯⋯⋯⋯ 37

9.排水管检查口设置位置不合理或漏设检查口 ⋯⋯⋯⋯⋯⋯⋯ 38

10. 排水管清扫口设置位置不合理或漏设清扫口 ·················· 38

11. 底层排水管道单独排出时设置通气管道易忽略下列问题,造成
　　设计错误 ·· 39

12. 生活排水管道系统设置伸顶通气管道时忽视下列问题,造成设
　　计高度不够或臭气返回室内,造成二次污染 ·················· 40

13. 生活排水管道系统未按规范要求设计环形通气管道,或环形通
　　气管道连接错误 ·· 41

14. 各种通气管管径的设计较随意,未按规范要求进行设计计算 ····· 41

15. 设计说明中对穿越楼层和管道井的排水管道应采取哪些防火
　　措施交代不清楚 ·· 42

16. 地下汽车库和自行车库排水集水坑有效容积设计不合理,排水
　　泵选型未经过计算,造成地面积水不能及时排出 ··············· 42

17. 建筑物天井、内庭院、下沉式广场等处雨水排水集水坑有效容积
　　设计不合理,排水泵选型未经过计算,造成地面积水不能及时排出 ··· 43

18. 建筑物和小区等雨水设计重现期选择偏小,造成设计雨水流
　　量偏小,雨水排水设施设计不合理 ···························· 44

第六章　消防系统 ··· 46

1. 建筑公共部位室内消火栓设置位置错误 ····················· 46

2. 屋顶消防水箱出水管上止回阀安装不满足要求 ··············· 46

3. 设计消防系统的建筑未按要求设置水泵接合器 ··············· 46

4. 试验用消火栓设置不满足要求 ····························· 47

5. 消防电梯前室漏设消火栓 ································· 47

6. 建筑灭火器设置不满足要求 ······························· 47

7. 消防软管卷盘或轻便消防水龙的设置不满足要求 ············· 48

8. 消防水池容积大于 500 m^3 未分格 ······················· 48

9. 地下建筑和地下汽车库在消防设计中区分错误 ··············· 48

10. 消防水泵出水干管上的压力开关和高位消防水箱出水管上的
　　流量开关设置不满足要求 ·································· 49

11. 水泵房消声、隔振措施设计错误 ··························· 49

12. 消防水泵房设备布置间距不满足要求 ······················ 50

13.自动喷淋系统公共厨房喷头设计错误 ·················· 51

14.部分场所未按要求设置快速响应洒水喷头 ·················· 51

15.报警阀组供水高度不满足要求 ·················· 51

16.末端试水装置和试水阀的设置错误 ·················· 51

17.不同防火分区和不同楼层未分设水流指示器 ·················· 52

18.消防水池、消防水箱的水质保证措施不完善 ·················· 52

19.消防水泵吸水管设计不满足要求 ·················· 53

20.防火卷帘上方的穿越管线未采取保护措施 ·················· 54

21.室内消火栓系统、自动喷水灭火系统的静压分区错误 ·················· 54

22.变配电房等处未设置气体灭火系统 ·················· 54

23.减压孔板的设置不满足要求 ·················· 55

24.地下室消防水池最低有效水位设置错误 ·················· 55

25.消防系统稳压泵选型错误 ·················· 55

26.现行《消防给水及消火栓系统技术规范》(GB 50974—2014)对
一类高层建筑水箱要求体积很大,如果屋面受限制,分别设置
两个水箱时设计方式错误 ·················· 56

27.设置网格、栅板等通透性吊顶时,洒水喷头选用形式不满足要求 ··· 56

28.部分场所漏设喷头 ·················· 57

29.商业服务网点室内消火栓设置不满足要求 ·················· 57

30.对于钢结构屋面的厂房、仓库设计自动喷水灭火系统时,未考
虑充水管道重量对屋面结构的影响 ·················· 58

31.消防水泵房内的架空管道往往布置在电气设备上方且无保护措施 58

32.消防水箱设置高度不满足要求 ·················· 58

33.地下室布置喷头时未参照结构梁的形式来布置 ·················· 59

34.照料老年人设施消防设计不满足要求 ·················· 60

35.多功能建筑消防设计不满足要求 ·················· 60

36.消防电梯消防泵集水井和消防水泵设计不满足要求 ·················· 61

第七章　供暖设计 ·················· 62

1.供暖设计计算中,室内空气设计参数选取有误 ·················· 62

2.供暖设计中,提供的热负荷计算书不完善 ·················· 62

3. 选择供暖系统热水供、回水温度时应注意的事项 ……………………… 62

4. 散热器选型有误,适用场合错误 ……………………………………… 63

5. 楼梯间散热器立、支管未单独设置 …………………………………… 63

6. 集中供暖系统热力入口设计时,阀门设置不全 ……………………… 64

7. 换热器设计选型时,总换热量没有乘以附加系数,单台换热器
的设计换热量取值不符合要求 ……………………………………… 64

8. 供暖共用立管未设置补偿器 …………………………………………… 64

9. 地板辐射供暖设计直接将散热器供暖负荷作为辐射供暖负荷进
行计算 ………………………………………………………………… 65

10. 膨胀水箱与供暖系统连接有误 ……………………………………… 65

11. 供暖系统设计时常出现的问题 ……………………………………… 65

12. 恒温控制阀类型设计有误 …………………………………………… 65

13. 供暖立管始末端未设置阀门 ………………………………………… 66

14. 间歇供暖系统设计未考虑附加值 …………………………………… 66

15. 锅炉房和换热机房未设置供热量控制装置 ………………………… 66

16. 未明确供暖系统的设计压力 ………………………………………… 66

17. 热量表设置的误区 …………………………………………………… 66

18. 热量表的设计选型时仅标注管径,未注明类型和额定流量 ……… 67

19. 住宅卫生间供暖注意事项 …………………………………………… 68

20. 常压热水锅炉系统启闭阀的设置问题 ……………………………… 68

第八章　通风设计 ………………………………………………………… 69

1. 燃油锅炉房、燃气锅炉房、制冷机房未设置事故通风系统 ……… 69

2. 设计中,事故通风系统设置有误 …………………………………… 70

3. 锅炉房的防爆泄爆措施设置有误 …………………………………… 70

4. 变配电室的通风设计不合理,计算通风量偏小 …………………… 70

5. 在进行民用建筑通风设计时,未充分考虑通风系统的降噪处理 … 71

6. 抗震设防地区通风系统未能合理设置抗震支吊架 ………………… 71

7. 室外排风口的位置和高度设置不合理,导致排风效果不佳 ……… 72

8. 汽车库的人防门附近平时使用的风管位置安装不当 ……………… 72

9. 通风设计时,对有外窗的公共卫生间未设置机械排风系统 ……… 72

10.气体灭火系统的防护区未设置通风系统 ················· 72

11.通风系统未考虑防人、防雨、防虫鼠钻入措施 ············· 73

12.对穿越伸缩缝、沉降缝、抗震缝的通风管未做任何保护措施 ···· 73

13.通风机风量计算未充分考虑漏风量,导致风量选取偏小 ····· 73

14.通风和空调系统风管断面选择不合理 ··············· 74

15.公共厨房通风设计不合理造成能源浪费和厨房串味至其他功能区 74

16.多台风机并联运行时未设置止回装置 ··············· 74

17.百叶式风口的有效通风面积取值有误 ··············· 74

18.对设置机械排风的无窗房间,未设计送风系统 ·········· 75

19.电梯机房未设置机械通风系统 ·················· 75

20.厨房排油烟管道防火阀的动作温度选取有误 ··········· 75

21.化学实验室通风系统设计时,通风管道材质选择有误 ······· 75

第九章 空调设计 ························· 76

1.舒适性空调系统设计时送风温差选取不当 ············ 76

2.回风口的吸风速度设计过大 ··················· 76

3.舒适性空调系统设计时,送回风方式及送回风口类型选择不当 ·· 76

4.风机盘管冷凝水管路保温和坡度设计不合理 ··········· 77

5.空调风管系统设计时未设置风量调节措施 ············ 77

6.空调送风口结露、风管保冷不当导致滴水现象发生 ······· 78

7.新风量设计标准不合理 ····················· 78

8.全空气系统未结合实际合理设置回风机 ············· 78

9.冷冻水泵在系统中的安装位置未结合实际考虑设备承压能力 ··· 78

10.闭式空调水系统定压点和膨胀设计不合理 ··········· 79

11.空调系统循环水泵进出水管阀门附件设置不全或安装顺序有误 ·· 79

12.在空调水系统设计中,未设置自动排气阀 ··········· 79

13.施工图设计阶段未提供负荷计算书 ··············· 79

14.空气源热泵或风冷式冷水机组室外机的设置位置不合理 ····· 79

15.地下水地源热泵系统设计条件不全,且所需参数不明确,
   如地下水出水量、水温等 ··················· 80

16.直燃式溴化锂吸收式机组选型不合理 ·············· 80

17.空调水系统自控阀门的设置错误 ············· 80

18.变流量一级泵系统,供、回水管之间电动旁通调节阀的设计

流量选择有误 ············· 81

19.空调水循环泵台数设置不合理 ············· 81

20.冷凝水管道未设置清扫口,接入雨污水管方式有误 ············· 81

21.冷却水系统设计时未设置水处理装置 ············· 81

22.开式冷却塔补水量设计偏大,补水位置不合理 ············· 82

23.选用真空锅炉时用热温度偏高 ············· 82

24.制冷机房设备布置不满足规范要求 ············· 82

第十章　防排烟设计 ············· 83

1.防排烟系统未按建筑高度、使用性质等因素进行设计 ············· 83

2.防排烟系统未按建筑防火分区设计 ············· 83

3.未与建筑专业核实各房间的功能和用处 ············· 83

4.正压送风口的设置不合理 ············· 84

5.同一位置的地上与地下楼梯间其正压送风系统设计有误 ············· 84

6.地下仅有一层或二层的楼梯间,加压送风量取值有误 ············· 84

7.防排烟系统设计时未竖向分段设置 ············· 84

8.排烟平面图未交代清楚排烟量、排烟口等设计参数 ············· 85

9.自然排烟设计未划分防烟分区 ············· 85

10.防火阀的位置设置不正确 ············· 86

11.排烟防火阀和排烟阀没有区分清楚 ············· 86

12.公共建筑内(中庭除外)自然排烟口的位置和面积交代不

清楚 ············· 87

13.公共建筑房间内机械排烟口(中庭除外)的位置和规格交代不清楚 87

14.中庭排烟系统设计不符合规范要求 ············· 88

15.防火阀、排风口与排烟风机之间是联动还是连锁没有交代清楚 ··· 88

16.排烟系统的补风设计不满足规范要求 ············· 88

17.公共建筑走道排烟系统设计有误 ············· 89

18.长度超过60 m、有可开启外窗的内走道排烟系统设计有误 ············· 89

19.正压送风机进风口和排烟风机出风口设计不合理 ············· 89

20.挡烟垂壁材质、高度等要求未在图纸中明确 ……………… 90

21.常忘记设置挡烟垂壁的两个位置 ………………………… 90

22.连接多个楼层排烟系统的排烟竖井面积计算不正确 ……… 90

23.防排烟系统的金属风管管材的选择不满足要求 …………… 90

24.自然排烟窗（口）、常闭排烟阀或排烟口未设置手动开启装置 ……… 91

25.排烟风机和补风机直接吊装在排烟区域或直接放在屋面上，
这种做法是错误的 ………………………………………… 91

26.工业建筑采用自然排烟方式时,容易忽略的几个问题 …… 91

27.固定窗未按要求设置 ……………………………………… 92

28.单个排烟口排烟量计算有误,导致排烟口数量不符合要求 ……… 92

第十一章　节能与绿建设计 ………………………………………… 93

1.暖通专业在施工图设计阶段未提供热负荷和逐时冷负荷计算书 … 93

2.暖通专业在空调、供暖负荷计算时围护结构热工参数与建筑
专业不一致 ………………………………………………… 93

3.电动压缩式冷水机组在选型时,总装机容量偏大 …………… 93

4.在空调图纸中,需标注多台冷水机组、冷却水泵和冷却塔组成
的冷水系统的SCOP值 …………………………………… 94

5.在选配集中供暖系统的循环水泵、空调冷(热)水系统的循环
水泵时,图纸中未标注耗电输热比(EHR-h)值、耗电输冷(热)
比[EC(H)R-a] …………………………………………… 94

6.图纸设计中未标注风道系统单位风量耗功率(W_s) ……… 96

7.锅炉房、换热机房和制冷机房图纸设计中缺计量装置 ……… 96

8.采用电加热直接供暖系统需满足的条件 …………………… 97

9.地下汽车库通风系统的控制不明确 ………………………… 97

10.各专业绿建专篇设计与绿建专业设计内容不一致 ………… 98

附录　参照的主要标准及规范 ……………………………………… 99

第一章　制图及图纸深度

1. 设计说明中几路水源、市政供水水压等基本情况未交代清楚,不满足设计要求

解析:一般设计图纸中均以市政给水管网为水源,但是未交代几路水源和市政供水水压的情况。这就带来以下问题:首先,无法确定市政供水到底能供应到多少楼层或标高;其次,无法确定是否需将室外消防用水量储存在消防水池内,并设消防取水口或室外消火栓泵及室外消火栓系统供水环管。

有些按规范需要设计室内消火栓系统的项目,建设单位或设计单位为了满足常高压消火栓给水系统对供水压力的要求,避免设置消防水箱、水池和水泵等供水系统,存在人为提高市政供水压力至 $0.35\sim0.40\,\mathrm{MPa}$ 的现象。按规范要求,市政供水管网的供水能力在满足生产、生活最大小时用水量后,仍能满足所需的消防流量和压力。前述这种人为提高市政供水压力的现象会带来严重的安全隐患,必须杜绝。

上述数据看似简单,却是设计的基础资料,在设计施工图时必须核实并按实际情况进行相应设计。

2. 给水管分类不明确、适用场合错误、试压情况不明晰等,不满足设计和使用要求

解析:给水管材种类繁多,大致分为三类:第一类为金属管材,如铜管、不锈钢管、内衬塑镀锌钢管等;第二类为金属塑料复合管,如铝塑复合管、钢塑复合管等;第三类为塑料管,如 PP-R 管、PP 管等。

这三类管材适用场所均不尽相同。如《建筑机电工程抗震设计规范》(GB 50981—2014)要求高层建筑及 9 度地区建筑的给水干管、立管应采用铜管、不锈钢管、金属塑料复合管等强度高且具有较好延性的管道,连接方式可采用管件连接或焊接;厨房加工间部分应尽量采用金属给水管材以避免因温度较高造成的给水塑料管老化较快的问题;多层建筑和高层建筑的给水支管可采用 PP-R 管;等等。

如设计采用 PP-R 管,则有 S5、S4、S3.2、S2.5 等系列,各系列的壁厚、耐压程度、使用温度和使用年限等均不相同,具体可以参见相应的 PP-R 给水管材技术规程选用。一般 S5 和 S4 运用在冷水管中,S3.2 和 S2.5 运用在热水管中。设计时应根据需要采用,将其编制在设计说明中。

给水管的试压要求也需要考虑两方面因素:一是给水的使用工作压力值越高,其试验压力值也相应增高;二是给水管内的使用温度越高,壁厚和材质的要求越高,则试验压力也相应增高。设计时,应综合考虑这两方面因素并综合确定试验压力值。

3. 缺明露金属给水管道和设备保温做法、水管井内的保温和防结露措施未注明、遗漏水表防冻措施等,不满足设计和使用要求

解析:室外给水管、消火栓管、喷淋管、水表井、水箱等明露管道及设备均要有保温措施。如安徽省跨长江和淮河两条水系,温差较大,设计时应结合当地具体的季节和昼夜温差,给出适合当地的保温措施。所用保温材料(如橡塑、岩棉、玻璃棉等)、保温厚度等具体做法可参见国家标准图集《管道设备保温,防结露及电伴热》(16S401)执行。

另外,因现在冬天极端低温现象频繁,造成大面积的室外水表井内和建筑内部水管井内的水表冻坏,故各地供水公司对水表保温防冻提出具体要求时,还应相应执行。

室外埋地的水表井和水管井内管道也需要做保温隔热措施等。

4. 从管道井引至各户内给水管道有时要经过敞开式走廊,管道敷设在楼板面层内的管线过长,未考虑保温措施,不满足使用要求

解析:目前住宅类项目众多,从公共部位管道井引至各户内给水管道有时要经过敞开式走廊,管道敷设在楼板面层内时无法做保温处理,冬季温度过低时会造成上冻、进而炸裂漏水等现象,此时有以下几种做法:

(1)改为在吊顶内敷设,并加做保温后进入户内。

(2)敞开式走廊结构降板至满足管道保温敷设的要求。

(3)与建筑专业沟通,就近设置水管井,避免管道穿越敞开式走廊。

另外,作为补救措施,如冬季极端天气来临时,可采用提前放空给水管内的积水。

5. 抗震设计缺专项说明、抗震设计的基本内容、抗震节点图等不满足规范要求

解析:因地震造成的影响和损失越来越大,国家批准《建筑机电工程抗震设计规范》(GB 50981—2014)自 2015 年 8 月 1 日起实施。其中第 1.0.4 条为强条,并规定抗震设防烈度为 6 度及 6 度以上地区的建筑机电工程必须进行抗震设计。此规范为新发行规范,没有老版规范与之对应,故有些设计院的图纸未予设计或只是笼统要求做抗震设计,属严重缺项,必须予以补充和完善。

基本内容:提供抗震烈度及加速度值;给排水管材的选用;高层建筑及 9 度地区建筑的入户管阀门之后加设软接头;过建筑缝的技术处理;室内给水、热水以及消防管道管径大于或等于 DN65 的水平管道,当其采用吊架、支架或托架固定时,应设置抗震支承;室内自动喷水灭火系统和气体灭火系统等消防系统还应按相关施工及验收规范的要求设置防晃支架;管段设置抗震支架与防晃支架重合处,可只设抗震支承;管道穿过内墙或楼板时,应设置套管;套管与管道间的缝隙,应采用柔性防火材料封堵;抗震支吊架的设置(附抗震支吊架节点图),必要时,还需绘制支吊架的平面点位图纸。

6. 绿色建筑及节水节能专项设计等不满足规范要求

解析:国家先后发行了《民用建筑绿色设计规范》(JGJ/T 229—2010)、《绿色建筑评价标准》(GB/T 50378—2019)、《公共建筑节能设计标准》(GB 50189—2015)、《民用建筑节水设计标准》(GB 50555—2010)等。之后各省份如安徽省根据《国务院办公厅关于转发发展改革委、住房城乡建设部绿色建筑行动方案的通知》的要求,结合实际,制定适合当地的实施方案并下发相关文件。其中要求建筑面积在 10 000 m² 以上的公共建筑,应当至少利用一种可再生能源;具备太阳能利用条件的新建建筑,应当采用太阳能热水系统与建筑一体化的技术设计、建造和安装;推动公共建筑率先执行绿色建筑标准,其中公共建筑和政府投资的学校、医院等公益性建筑以及单体超过 20 000 m² 的大型公共建筑要全面执行绿色建筑标准;鼓励各地保障性住房按绿色建筑标准建设。

节水节能设计时,要求采用节水龙头、节水型洁具、新型节水节能管材,充分利用市政供水管网水压、控制给水水压、智能计量等新技术和新措施。

这两部分内容都应在给排水单体和总图中有相应完善的设计。

7. 管道穿建筑抗震缝时技术措施处理错误,只做一次金属软管;甚至有排水管穿建筑抗震缝的情况发生等,不满足现行规范要求

解析:设计时在建筑抗震缝上只设计一次金属软管是不符合现行规范要求的。按照《建筑机电工程抗震设计规范》第 4.1.2.4 条,管道不应穿过抗震缝。当给水管道必须穿越抗震缝时宜靠近建筑物的下部穿越,且应在抗震缝两边各装一个柔性管接头,或在通过抗震缝处安装门形弯头,或设置伸缩节。而排水管道等重力管是不允许穿越建筑抗震缝的,设计时必须加以杜绝和禁止。

8. 试验压力未按分区确定,统一试压造成标准太高或太低;阀门等附件所选耐压等级与试压值不对应等,不满足相应规范要求

解析:有些设计试验压力统一采用一个值,如给水管 1.5 MPa,消火栓管和喷淋管 1.4 MPa。这种现象是不可取的,细究起来也是错误的,会造成试压的标准太高(如在多层建筑中,会造成试压时漏水或爆管)或者太低(如在近 100 m 高度的高层建筑中,因使用工作压力大于试验压力,投入使用后会造成漏水或爆管)。

正确的做法是按照《给水排水管道工程施工及验收规范》(GB 50286—2019)、《消防给水及消火栓系统技术规范》(GB 50974—2014)及各类给水塑料管材技术规程中的相关条文,结合各分区的具体工作压力和管材情况分别设定各分区压力管的试验压力值;设定试验压力值时要高于使用工作压力值,不可一个值给定所有分区和系统的试验压力值。

另外,试压时因为试验压力值高于使用工作压力值,还需注意其上的所用阀门等附件和管材本身的耐压值要高于试压值 1~2 个等级,否则试压时也会造成漏水或爆管等现象,设计时务必注意。

9. 公共厨房及其加工间部分给排水设计不详尽,设计深度不满足规范要求

解析:公共厨房及其加工间部分设计时应注意如下问题:灶台后方和下方不宜设置各类管线(如需设计给排水管线时,应尽量远离明火等热源并采用金属给排水管材,以防管线被烧坏或烤坏;当管径较小时尽量暗敷在墙体内)。一般厨房及其加工间各类设备和用水点排水均应就近排至排水沟;同一排水沟应至少有两处设置网框式地漏并分别排至室外;厨房及其加工间、洗碗间等处的废水因含油量较大,应设隔油池收集后方可排入污水管网。如餐厅部分建筑面积大于 1 000 m²,其烹饪操作间的排油烟罩及烹饪部位还应设计自动灭火装置,并应在燃气或燃油管道上设置与自动灭火装置联动的自动切断装置。这些内容不注意时经常遗漏,设计时应给予完善。

10. 幼儿园给水排水设计不完善,大量设计和管理问题无交代,不满足深度要求

解析:因服务对象不同,幼儿园设计与别的建筑单体不同,要充分考虑幼儿的特点进行针对性的设计,另需严格执行《托儿所、幼儿园建筑设计规范

(2019年版)》(JGJ 39—2016)和相关规范的规定。

设计中应注意以下问题：

(1)应采用适用于对应年龄段儿童的卫生器具。

(2)消火栓系统、喷淋系统等安装应考虑必需的安全措施：如各类阀门安装需考虑避免儿童碰触，必要时需做保护措施；消火栓箱应尽量嵌墙安装并做倒角和软包等保护措施；喷头、阀门和压力表应尽量设置在儿童接触不到的标高处，避免人为因素的影响等。

(3)灭火器箱应设在不妨碍通行处。

(4)如采用电热开水器等供应开水，应设置在专用房间内，并应设置防止幼儿接触的保护措施，可由老师或工作人员统一管理。

(5)幼儿园绿地可设置洒水栓，但是必须有防误饮用措施和防碰触措施，最好是埋地式洒水栓，并加设锁具。

(6)当设置集中热水供应系统时，应采用混合水箱单管供应定温热水系统，幼儿使用热水时应由老师陪同，并提前测定水温后开启。

(7)便池宜设置感应冲洗装置等。

11. 卫生间详图设计未标注尺寸、标高等，不满足设计深度

解析：卫生间详图大致分为公共卫生间和住宅卫生间两类，但要求大致相同，基本如下：详图比例一般为1∶50,也可采用1∶20或1∶10等其他比例进行绘制，但是比例不可太小，以能清楚表达所需内容为度；应有轴线号、相关尺寸、成熟地面标高(标准层时可用 H 代替)等；应有洁具和其他设施及附件(如地漏、清扫口等)的定位尺寸；应有楼板预留孔洞定位尺寸；给水管、排水管配置应简洁明了,其上附件如阀门、清扫口等必要设置时需绘制；管道系统图或者轴测图绘制时应清晰,不可有重叠、看不清楚的地方；应有管径标注及管道标高、配水龙头和阀门等附件标高；应标注冲洗水箱的型号和容积；所用卫生器具种类、规格和数量等应在材料表中列出。

12. 设计图纸中,叠字叠图、符号重复等现象,不满足制图标准

解析：这些是低级错误，但却是一个普遍现象。因为现在绘制图纸的设计人员和打图、晒图的工作人员通常是分开的，又因为时间过于紧张、字体字库不全等原因，经常造成图面出现以下现象：

(1)叠字叠图。

(2)符号文字重复。

(3)说明缺乏针对性,甚至张冠李戴,以致重要内容缺失。

(4)防护密闭措施被混凝土墙遮挡以致无法显示等。

因此,图纸设计时,若设计、校审人员认真负责,则完全可以避免。

13. 大型地下室顶板下的各类管线设计不满足地下室净高要求

解析:现在的建筑单体和小区越来越大,经常出现上万平方米或者更大的地下室,一般功能为汽车库、人防地下室、商店、超市等。此时,因为地下室顶板处的强弱电桥架、防排烟管道、自动喷淋管、消火栓管、常压和加压给水管等极多,需要注意地下室顶板下的各类管线交叉问题。

具体工程验收时,经常出现地下室净高不能满足要求的情况。

针对上述问题,正常情况下应考虑地下室层高、梁高、回填层高度、吊顶安装高度、各类管线的安装高度、管线交叉所必需的高度、吊支架安装高度和地下室所必需的净高要求等综合设计。

这些因素都考虑后仍无法满足净高要求时,则必须考虑采用一些非常规措施以确保净高。如:管线穿梁;于梁内空间敷设喷淋、消火栓及给水管线等小管径(区别于防排烟和桥架等大管径而言)的压力给水管;将管线交叉处设置在梁内空间,以尽量减少各类管线敷设的总体高度;做无梁盖楼板等。

另外,理论上吊顶处的复杂管线应有管线纵断面图和横断面图,以便准确表达管线之间以及复杂管线和梁、地面之间的关系,方便施工;必要时可以采用 BIM 技术绘制出三维交叉立体图像及动画帮助识图。现场施工前,施工单位和监理单位应编制管线施工方案,合理施工,以避免造成地下室高度的浪费。

总之,这是一个综合性的问题,解决这一问题,需要利用多种技术手段,还需建设、施工、监理、设计等主体单位积极合作,仅仅依靠一个专业或一家单位是解决不了的。

14. 排水横集管转换时与其余专业管线交叉时,因设计不合理,不满足净高要求

解析:排水横集管一般指酒店、大型公建、商住楼等处的大量排水立管及支管需转换移位至公共水管井后排出时的排水收集用的主干横集管。建筑体通常上部为住宅或者酒店客房,下部为大开间的公建,才会产生横集管收集转换上部污废水至公共水管井的问题。

如果建筑不做转换层,则此时吊顶内一般也会有大量强弱电桥架、防排烟管道等专业管线。要在此处转换,会造成净高不足(是和第13条相类似的问题),解决方法也基本同第13条。在具体分析后进行技术处理,必要时做出管线纵断面图和横断面图等。

需要指出的是,此时还可以通过增设公共水管井、减少排水横集管的长度和放坡高度达到节省建筑高度的目的。

另外,需要强调的是,此时因为排水横集管是重力管,对坡度有要求,所以其余管线应首先避让排水横集管,否则排水横集管会有倒坡等不利现象发生而无法排水。

15. 随意创造图例,大量图面表达不符合给排水设计制图的基本要求

解析:这个问题比较普遍,集中表现在引用图例不规范,没有图例时以文字标注取代;给排水设备表示方法不按规范要求,随意自编各种表示方法和图例(如各种阀门、排气阀、倒流防止器等),平面图中管径标注角度超过 90 度,不利于读图;在一张图中既有用线型又有用字母表示同一管道;总图平面中缺乏必要的管径、标高、坡度的标注;检查井管内底标高和地面标高标注位置颠倒;单体图中主要给排水立管无编号;系统图或轴测图中无空间顺序关系,无管径、各类管线标高、立管编号等必要信息。

这样做不仅不规范而且影响施工人员和相关人员识图,造成麻烦和损失。此问题需要设计人员重视,规范作图习惯,严格按照《建筑给水排水制图标准》(GB/T 50106—2010)中的要求执行。

16. 设计说明中缺乏必要的各类水消防系统施工注意事项(如管道材料、设备安装、管道试压冲洗等),不满足设计深度要求

解析:以下内容必须在设计说明中予以明确:在设计消火栓系统、喷淋系统等水消防系统时应按分区压力值采用相应管材、连接方式;在设计消防水泵、水箱、气压罐等消防设备时,应有必要的参数、选型、详图、剖面图和系统图等;要按分区和工作压力情况,确定如何试压和选取试压值;管道竣工验收前应进行调试、消毒等。

另外,规范要求管网安装完毕后,应对其进行强度试验、冲洗和严密性试验;系统竣工后,必须进行工程验收,验收应由建设单位组织质检、设计、施工、监理等相关单位参加,验收不合格不应投入使用。这些要求必须严格执行。

17. 水泵房设计时内容不全,不满足设计深度要求

解析:消防泵房和生活泵房设计时,应有详图(包括基础和设备的定位尺寸)和剖面图;应表达水位计、溢流管、泄水管、透气管、进水管、水质处理设备;应有基础图、起重设施、通风措施;应有吸水管路、出水管路等相应管线的绘制;应绘制各类管线上的配件和附件,如软接头、过滤器、闸阀、单流阀、试验阀、安全阀、水锤防止器、压力表、压力开关、流量计量装置等;另外,还需表达出各种需要表达的标高(进水管底口标高、最低有效水位、最高有效水位、溢流水位、报警水位等)、水位信号传送、锁具、配电柜(其上方不宜有给排水管线)位置和排水措施等;应提供系统原理图或轴测图等以清楚表达空间关系;还需交代吊支架、减震降噪、水泵选用(低噪声泵)、防淹措施和控制的相关要求等。

18.未注意给排水专业与其他专业交叉时的问题,各专业设备布置在同一处等问题,造成现场无法施工,不满足施工和使用要求

解析:(1)与土建专业的交叉问题。

设计人员缺乏必要的土建专业知识,思维中对哪些位置有没有梁板柱,对梁板柱的大小与高度没有了解,又不与土建专业及时有效沟通而造成与土建专业交叉的问题。集中表现:暗装的设备如消火栓箱、水表箱等经常与构造柱打架而无法安装;住宅建筑的平台梁和半平台梁与水表箱和消火栓箱冲突;转换层的梁高过大,施工完各类管线后净高不足;人防地下室的底板厚度与设置于其内的排水管坡道不匹配,排水管施工冲出底板又无加强措施;消火栓箱设于防火门或人防防护门后,无法取用;消防前室、防烟楼梯间、防火分区的分隔墙等处暗设消火栓箱时,未满足防火墙的防火要求。

(2)与电气、暖通专业的交叉问题。

设计人员缺乏与电气、暖通专业的及时协调沟通,导致现场各专业设备重叠而无法施工。一般发生在面积较小且设备较多的建筑部位,集中表现:阳台排水立管和电气开关、空调预留孔洞冲突;住宅门厅消火栓箱和电表箱冲突;商业门面房洗脸盆、消火栓箱和强弱电开关盒冲突;空调机房缺排水措施;泵房内各类压力管线和配电柜冲突等。

此类现象时常发生,此类问题需要靠设计人员设计时加强与各专业间的沟通、设计人员的经验积累、审核校对人员的认真校审、施工和监理人员的提前提醒等来解决。

19.设计说明中生活供水各分区的压力参数错误,不满足给水分区要求

解析:按国家规范要求,当生活给水系统分区供水时,各分区的静水压力不宜大于0.45 MPa。当设有集中热水系统时,分区静水压力不宜大于0.55 MPa。住宅入户管供水压力不应大于0.35 MPa,非住宅类居住建筑入户管供水压力不宜大于0.35 MPa。用水点供水压力值不宜大于0.20 MPa,且不应小于用水器具要求的最低压力。

具体设计时,设计分区经常发生错误。以住宅为例:当层高为2.8~3.0 m时,给水分区以不超过7层为宜,此时各分区底部4~5层应设分户减压阀门。

另外,还需要求各设计人员在图纸说明中详细注明各给水分区的进口压力参数、各给水分区供应楼层的层数、各给水分区底部哪些层数需做减压和调压措施等情况,并在给水平面图和系统图中详细绘制以上参数和要求才能清楚地表达图面,以便施工和后续工作进行。

20. 设计说明中一些常用的基本设计参数(如给水定额、用水量等)没有交代,不满足设计深度要求

解析:设计说明中对给水定额、最高日用水量、最大时用水量、最高日排水量、暴雨强度、消防用水量等基本设计参数没有交代。

给水定额是计算建筑工程用水量的基本参数,要区别地区以及是否做节水和绿建等要求具体给出;最高日用水量、最大时用水量、最高日排水量等是设计单体管径和室外总管的重要数据;暴雨强度是计算雨水量的基本参数,也应区别地区和对应重现期给出;消防用水量应区别建筑物防火类别和性质、各建筑物面积和体积参数、是不是基地内或小区内最高消防等级的建筑物等具体情况给出。这些重要的设计参数都应在设计说明中明确,不应缺失且应准确无误。

另外,设计时应有主要设备材料表,表中应有水泵、水池、水箱、消火栓箱、灭火器、卫生器具等主要设备材料的规格、型号、数量等。

21. 工程设计中缺给排水管线穿越楼板和墙体时的具体要求,缺孔洞周边密封隔声措施,缺防火防水封堵技术措施等,不满足设计深度要求

解析:各类管线穿越楼板和墙体时:

(1)同一防火分区及防火分隔内的孔洞周边应采取密封隔声措施。

(2)不同防火分区间的孔洞(如防火分区隔墙、管道井楼板等)应采取防火封堵措施。

(3)穿越水池、地下室外墙处需采用防水套管(柔性或刚性);穿越人防地下室外墙、临空墙、防护隔墙处需采用相应的防护密闭套管。

(4)穿越屋面板和卫生间等楼板时,除设防水套管外,还需设阻水圈等技术措施。

(5)防水套管应高出成熟地面和成熟屋面,其高度应满足相应规范要求。

(6)塑料排水立管还需设置阻火圈,阻火圈可设置于楼板下,具体做法参见《硬聚氯乙烯建筑排水管道阻火圈》(GA 304—2012)。

(7)套管比管道统一大一号不妥,导致管道现场安装时比较困难,甚至无法安装。一般小管径时,套管比其内管径大二号或三号;大管径时,套管比其内管径大一号或二号。正确做法可以按照《防水套管》(02S404)中的柔性防水套管(A 型,B 型)执行。

22. 泵房给排水管线和设备未设计减振降噪和隔声措施,不满足深度和使用要求

解析:管道井、水泵房应采取有效的隔声措施,水泵等也应采取减振措施。具体有:选用低噪声水泵;水泵加设隔振垫,管道采用柔性连接方式;采用柔性支吊架;在管道穿墙和穿楼板处,采用防止固体传声的措施;对水泵房内墙采用隔声、吸音技术措施等。这些内容在说明或者详图里应有交代。

23. 管道吊装时,支吊架的间距及具体做法不满足设计要求

解析:室内管道支吊架的施工,如支吊架如何设置、支吊架设置间距等,可以参见《室内管道支架及吊架图集》(03S402)执行,设计说明内应给出支吊架的间距和具体做法。

另外,需做机电抗震设计的管线还需满足《建筑机电设备抗震支吊架通用技术条件》(CJ/T 476—2015)的要求并给出节点图。

还有一点,现在大地下室内压力管线较多,各分区给水管和室内消火栓管、喷淋管平行敷设,有的支吊架上会同时敷设 10 根甚至更多的管线,此时应有结构参与复核计算带水重的管线荷载和支吊架的负荷能力,确认后方可施工。

24. 设计中未充分利用室外市政给水管网压力直接供水,不满足节水节能要求

解析:室外市政给水管网压力是珍贵的、可以利用的资源,不可以随意浪费,设计时应加以充分利用。但是需要考虑的是,室外市政水压使用时必须扣除沿程阻力、局部阻力(尤其是总进水处的倒流防止器的局部阻力),之后按照供水高度、流出水头和用水高峰期的局部水压下降情况等因素合理确定市政水压可以供给的准确楼层或者供水高度。

设计时,应杜绝不利用市政水压而直接采用二次加压供水设备供给本应市政水压可以供应的楼层用水的现象。

25. 消防水箱设计缺锁具、水位表达、保温等,不满足深度要求

解析:消防水箱设计比较复杂,相关要求也多,主要应表达水位计、溢流管、泄水管、通气管和呼吸管、进水管、水质处理设备;应有基础图;应绘制各类管线上的配件和附件(如软接头、闸阀、单流阀、旋流防止器等);另外,还需表达出各种需要的标高(如最高有效水位、最低有效水位、溢流水位、进水管底口标高等);水位信号应传送;水箱人孔和阀门等应加设锁具;明露的稳压设备应有遮雨棚,其出水管上应有流量开关、压力表等;稳压系统配电柜位置应有表达;必要时,提供系统图或剖面以清楚表达空间关系;环境温度较低时,水箱及相应管线应采取保温措施等。

26. 室外埋地排水管道的基础做法未说明,不满足深度要求

解析:室外埋地排水管道的基础做法主要有素土分层夯实、砂石垫层、枕基、条基、混凝土包封,湿陷性黄土等特殊土壤条件时需打桩或做混凝土整体基础。

在施工图设计时,这些内容在说明中应有交代,并应根据现场地质情况、管材及埋深等因素确定管道基础和回填做法。若参照图集,应标明图集页数、各参数取值及材料选用等情况。

第二章　室外给排水部分

1. 室外雨污水管道设计时,基础资料不全,不满足设计要求

解析:市政雨污水管道接口位置、管径、标高的资料,一般由建设单位联系当地规划或市政部门提供。根据这些资料,合理地设计雨污水管道的管径、坡度、路由,并最终排至市政管道预留接管井。现场施工前,应复测接口位置、管径、管内底标高,确认各参数正确无误后方可施工。

2. 住宅小区大型地下室顶板上部覆土偏少,造成室外管线敷设困难,不利于室外管道设计,不满足规范和现场使用要求

解析:在地下室设计的时候,室外管线设计应同步进行,根据场地内竖向设计,结合单体的各类管线进出户位置和标高,合理设计室外管线的位置、管径、标高,并注意是否有上翻梁的情况,在满足《城市工程管线综合规划规范》(GB 50289—2016)管道最小覆土的前提下,充分考虑各类管线交叉所需的竖向标高,并和建筑、结构等专业协商,最终确定地下室顶板上覆土的多少。

3. 室外给排水管道的选材不满足设计深度和使用要求

解析:设计人员应时刻关注行业动态,对于新材料、新技术要及时地了解和学习,同时应深入了解各种新型材料(如加肋 HDPE、加筋 PVC 等)的优缺点、适用情况,有针对性地在实际工程中参考选用;设计中选材应规定材质、规格等各种参数,以避免施工方任意购买低等级材料导致工程质量较差,造成业主及各方对于新材料、新技术的误解及偏见。同时,排水管材的选择应符合当地排水管理部门的要求。

4. 排水检查井布置时不满足相应要求

解析:管线综合方案设计阶段,应该系统考虑管线布局的合理性,管道宜布置在机动车道外侧。实际工程中若部分管道必须敷设在机动车道下,应考虑道路行车轨迹,管道及检查井宜布置在车轮不常经过的位置,减少井盖损坏的概率。在施工图设计阶段,检查井及雨水口应根据实际情况布置,避免出现检查井位于路牙石上等不利情况。

5.公共餐饮业厨房室外排水应注意的事项未交代,不满足规范和使用要求

解析:在对有公共餐饮业的场地进行室外排水设计时,公共餐饮厨房室外排水应设置隔油池等水处理回收构筑物;设计时在楼前应单独设厨房废水支管,将厨房废水排至隔油池等水处理回收构筑物,避免出现油污进入化粪池,从而影响化粪池的腐化效果,以及油污附着在管道内壁造成管道水流不畅和堵塞的情况。

6.室外布置化粪池时不满足规范要求

解析:在管线综合阶段,应首先考虑化粪池的型号大小及设置位置,再进行其他管线设计,楼前支管不宜过长,化粪池不应布置在行车道及地下室顶板上。

7.建筑物室外消火栓设计不满足消防要求

解析:设计室外消火栓时,首先应确定市政给水管道是否能满足两路水源、水量及水压要求,从而确定是否需要设置室外消火栓水池和泵房。

(1)若市政给水满足二路供水的水量及水压要求,室外消火栓宜沿道路市政给水主管路由布置。

(2)若不满足二路供水的水量及水压要求,应考虑设置室外消火栓水池和室外消火栓泵,并于室外设消防取水口和室外消火栓加压环管供应室外消防用水。

(3)室外消火栓环管布置时应考虑与室外其他管线的水平间距、与建筑物的距离及消火栓位置的均匀性,合理设置。

(4)室外消火栓布置时应满足保护半径不大于150m、距离不大于120m的规范要求。

(5)室外消火栓点位布置时应满足与建筑物、水泵接合器、道路的间距要求。

(6)当一栋建筑物室外消火栓用水量较大时,建筑物周边的室外消火栓数量应能满足其用水量要求,同时在建筑扑救面一侧的室外消火栓数量不宜少于2个。

8.室外给排水设计未考虑海绵城市等相关设计,不满足相关地区的海绵城市设计要求

解析:随着国家对海绵城市建设的要求和《建筑给水排水设计标准》(GB 50015—2019)的执行,应根据各地具体要求进行海绵城市设计(如雨水回收利用系统、下沉式绿地、透水铺装、雨水花园等)。室外雨水回收利用系统、节水灌溉等均应一次设计完整。具体包括：约束性指标（年径流总量控制率、面源污染削减率）和鼓励性指标（下沉式绿地率、透水铺装率、绿色屋顶率）的设计计算；雨水管网的设计；雨水回收池的容积确定和图纸设计；处理工艺的选择；处理后的中水加压利用系统的设计；管材选用、基础做法等。

此时，设计人员还要与室外建筑、景观、结构、各类管线设计人员做好充分沟通，力争将这些技术措施做到实处、做出效果。

9. 小区内室外管线综合设计不满足规范要求

解析： 新版《城市工程管线综合规划规范》（GB 50289—2016）自 2016 年 12 月 1 日起实施。当进行市政道路、小区等室外管线实施时，应在执行此规范的前提下首先进行管线综合设计。室外给排水管线设计在满足《室外排水设计规范》（GB 50014—2016）《室外给水设计标准》（GB 50013—2018）和相关规范及标准的要求下，还需满足已经设计好的管线综合的要求。

小区内管线综合设计时，经常遇见的问题如下：未给出必要的说明，如排水方向的介绍，给水量、雨污水量、用电量等负荷计算等；缺少周边市政道路的已有市政管线的绘制（包括管线种类、接口位置、管径、标高等）；未将小区内所有使用管线绘制在一张图纸上（如只有给排水管线，未绘制强弱电和燃气管线，医院缺高压氧管线，厂区内缺蒸汽管线等）；未给出燃气管的压力等级、强电引入管的电压等级；未绘制水池泵房、开闭所和变配电房、数据交换间、消控室和调压站等功能用房的位置；未绘制主要道路断面图，缺室外各类管线的定位距离标注；未绘制化粪池、主要强弱电手孔井、雨水回收池、雨水口、室外消火栓、水泵接合器等。另外，图面中还应有排水方向的标注、主要雨污水检查井的标高（未复核覆土深度）、各类管线的口径等。

当有些地区要求设计海绵城市和中水回用系统时，也需有相应的计算和设计内容。具体设计时，还应与建筑总图设计人员和绿化景观设计人员等做好专业间的协调。

第三章　给水系统

1. 给水系统中倒流防止器遗漏设置、安装位置不满足规范要求

解析: 倒流防止器是一种采用止回部件组成的可防止给水管道水流倒流的装置,是严格限定管道中压力水只能单向流动的水力控制组合装置。

倒流防止器应根据《建筑给水排水设计标准》(GB 50015—2019)第 3.3.7 条、第 3.3.8 条和第 3.3.9 条等的规定设置。不得漏设倒流防止器,也不可滥用倒流防止器,并应注意以下要求:

(1)倒流防止器的公称直径应与阀前连接的管道公称直径相同,倒流防止器的工作压力等级不应小于连接管道的工作压力等级。

(2)安装地点环境清洁,不应装在有腐蚀性和污染的环境处,安装处应设排水设施。

(3)必须水平安装,排水口不得直接接至排水管道,应采用间接排水。

(4)应安装在便于维护的地方并确保有足够的维护空间,不得安装在可能结冰或被水淹没的场所,一般宜高出地面 300 mm。

(5)倒流防止器前应设检修阀门、过滤器及可曲挠橡胶接头,其后也应设检修阀门。根据具体情况,倒流防止器阀组的具体做法可参见国家建筑标准设计图集《倒流防止器选用及安装》(12S108—1)。

(6)设置倒流防止器时应注意水头损失值,倒流防止器的水头损失值应采用生产厂家提供的实测数据。当无实测数据时,宜取 0.06~0.10 MPa。

2. 给水管道上的阀门设置部位及选用原则不正确

解析: 给水管道上的阀门设置应满足使用要求,宜设置在易操作和方便检修的场所。暗设管道的阀门处应留检修门,并保证检修方便和安全。

室内给水管道阀门的设置位置应根据《建筑给水排水设计标准》(GB 50015—2019)第 3.5.4 条的要求确定。主要应设置在以下位置:

(1)从给水干管上接出的支管起端。

(2)入户管、水表前和各分支立管。

(3)室内给水管道向住户、公用卫生间等接出的配水管起端。

(4)水池(箱)、加压泵房、水加热器、减压阀、倒流防止器等处。

室外给水管道阀门的设置位置应根据《建筑给水排水设计标准》(GB 50015—2019)第 3.13.23 条的要求确定。主要应设置在以下位置:

(1)小区给水管道从城镇给水管道的引入管段上。

(2)小区室外环状管网的节点处,应按分隔要求设置;环状管宜设置分段阀门。

(3)从小区给水干管上接出的支管起端或接户管起端。

另外,给水管道上使用的各类阀门应根据管径大小和所承受压力的等级及使用温度等要求确定。一般可按下列原则选用:

(1)管径不大于 50 mm 时,宜采用截止阀;管径大于 50 mm 时采用闸阀、蝶阀。

(2)需调节流量、水压时,宜采用调节阀、截止阀。

(3)要求水流阻力小的部位(如水泵的吸水管)宜采用闸板阀、球阀、半球阀。

(4)安装空间小的场所,宜采用蝶阀、球阀。

(5)水流需双向流动的管段上,不得使用截止阀。

(6)在经常启闭的管段上,宜采用截止阀。

3. 生活给水泵房的设置位置、泵房内设备布置不满足规范要求

解析:生活给水泵房应根据规模、服务范围、使用要求、现场环境等确定。可以单独设置或者与动力站等合建,可以采用地上式、地下式或者半地下式等形式。独立设置的水泵房,宜将泵室、配电间和辅助用房(如检修间、值班室、卫生间等)建在一幢建筑内。

小区内独立设置的水泵房,宜靠近用水大户。水泵机组的运行噪声应符合现行国家标准《声环境质量标准》(GB 3096)的规定。民用建筑物内设置的生活给水泵房不应毗邻居住用房或在其上层或下层,水泵机组宜设在水池(箱)的侧面或下方,其运行噪声应符合现行国家标准《民用建筑隔声设计规范》(GB 50118)的规定。

生活给水泵房一般还要满足下列要求:

(1)应为一级、二级耐火等级的建筑。

(2)泵房应有充足的光线和良好的通风。

(3)泵房应至少设置一个能进出最大设备(或部件)的大门或安装口。

（4）泵房内应设排水措施。

（5）泵房内宜设置起重设备。

（6）泵房一般净高不低于3.0m,有起重设备时,应按搬运机件底和吊运所通过水泵机组顶部保持0.5m以上的净空确定。

（7）水泵相邻两个机组及机组至墙壁间的净距的布置应符合下列规定:

1）当电机容量不大于22kW时,水泵机组外轮廓面与墙面之间的最小间距不应小于0.80m,相邻水泵机组外轮廓面之间的最小距离不应小于0.40m。

2）当电动机容量大于22kW且小于55kW时,水泵机组外轮廓面与墙面之间的最小间距不应小于1.00m,相邻水泵机组外轮廓面之间的最小距离不应小于0.80m。

3）当电动机容量不小于55kW且不大于160kW时,水泵机组外轮廓面与墙面之间的最小间距不应小于1.20m,相邻水泵机组外轮廓面之间的最小距离不应小于1.20m。

（8）泵房内宜有检修水泵场地,检修场地尺寸宜确保水泵或电机外形尺寸四周有不小于0.7m宽的通道确定;泵房内单排布置的电控柜前面通道宽度不应小于1.5m。

此外,目前很多城市的供水部门都制定了《二次供水工程技术导则》,导则对给水泵房进行了一些具体要求。在设计工作中需要充分调研项目所在地的供水管理相关政策、标准等内容。

4. 自动排气阀的安装位置不正确

解析:自动排气阀应安装在生活供水、热水供水、消防供水或其他可能产生气体的有压管路中,用于排除管内积存的气体以减少管内水流阻力,保证系统正常工作。排气阀应设置于供水系统的最高处,以利于管道内气体的汇集与排出。

给水管道的排气装置的设置应符合《建筑给水排水设计标准》(GB 50015—2019)第3.5.14条的规定:

（1）间歇性使用的给水管网,其管网末端和最高点应设置自动排气阀。

（2）给水管网有明显起伏积聚空气的管段,宜在该段的峰点设置自动排气阀或手动阀门排气。

（3）给水加压装置直接供水时,其配水管网的最高点应设置自动排气阀。

（4）减压阀后管网最高处宜设置自动排气阀,自动排气阀的安装必须竖直、端正、不得倾斜。

5. 给水系统中未按照规范设置管道过滤器

解析:管道过滤器可以防止水中的杂质颗粒进入精密阀件,减少运行故障,保障系统运行。

给水管网的下列部位应设置管道过滤器,并符合下列要求:

(1)减压阀、持压泄压阀、倒流防止器、自动水位控制阀、温度调节阀等阀件前应设置过滤器。

(2)水加热器的进水管上、换热装置的循环冷却水进水管上宜设置过滤器。

(3)过滤器的滤网应采用耐腐蚀材料,滤网网孔尺寸应按使用要求确定。

(4)在消防系统中,消防水泵的吸水管可设置管道过滤器,并且管道过滤器的过水面积应大于管道过水面积的 4 倍,孔径不宜小于 3 mm。

另外,需要注意的是,给水管道系统一般不应串联重复使用管道过滤器。如在减压阀、自动水位控制阀、温度调节阀等阀件前,已设置了管道过滤器,则水加热器的进水管等处的管道过滤器可不必再设置。管道过滤器的局部水头损失,宜取 0.01 MPa。

6. 室外给水管道覆土的深度不满足要求

解析:室外埋地敷设的给水管道的埋设深度以管道不受损坏为原则,并应考虑最大冻土深度和地下水位的影响。室外给水管道的覆土深度,应根据土壤冰冻深度、车辆荷载、管道材质及管道交叉等因素确定。管顶最小覆土深度不得小于土壤冰冻线以下 0.15 m,行车道下的管线覆土深度不宜小于 0.70 m。

在非冰冻地区埋设时:若在机动车行道下,一般情况下金属管道覆土厚度不小于 0.7 m,非金属管道覆土厚度不小于 1.2 m。若在非机动车道下,金属管覆土厚度不宜小于 0.3 m,塑料管不宜小于 1.0 m;在穿越道路时,当管顶埋深小于等于 0.65 m 时应加金属或钢筋混凝土套管。

当在冰冻地区埋设时:在满足上述要求的前提下,管顶最小覆土厚度不得小于土壤冰冻线以下 0.15 m。

7. 室内给水管道敷设和布置不符合规范要求

解析:给水管道敷设应符合《建筑给水排水设计标准》(GB 50015—2019)第 3.6 条的相关规定。应注意以下方面:

(1)不得穿越变配电房、电梯机房、通信机房、大中型计算机房、计算机网络中心、音像库房等遇水会损坏设备或引发事故的房间。

(2)不得经生产设备、配电柜上方通过。

(3)不得妨碍生产操作、交通运输和建筑物的使用。

（4）室内给水管道不得布置在遇水会引起燃烧、爆炸的原料、产品和设备的上面。

（5）埋地敷设的给水管道不应布置在可能受重物压坏处。管道不得穿越生产设备基础，在特殊情况下必须穿越时，应采取有效的保护措施。

（6）给水管道不得敷设在烟道、风道、电梯井、排水沟内。给水管道不得穿过大便槽和小便槽，且立管离大小便槽端部不得小于0.5m。给水管道不宜穿越橱窗、壁柜。

（7）给水管道不宜穿越变形缝。当必须穿越时，应设置补偿管道伸缩和剪切变形的装置，如采用橡胶软管或金属波纹管连接伸缩缝，或两边的管道采用方形补偿器等。

（8）塑料给水管道布置还应注意不得布置在灶台边缘。明设的塑料给水立管距灶台边缘不得小于0.4m，距燃气热水器边缘不宜小于0.2m。不得与水加热器或热水炉直接连接，应有不小于0.4m长的金属管段过渡。

8. 室内给水管暗敷时，错误地将管道敷设在建筑物结构层内

解析：室内给水管道暗敷有直埋与非直埋两种形式，暗敷时，应符合《建筑给水排水设计标准》(GB 50015—2019)第3.6条的规定：

（1）给水管道不论管材是金属管还是塑料管（含复合管），均不得直接敷设在建筑物结构层内。

（2）干管和立管应敷设在吊顶、管井内，支管可敷设在吊顶、楼（地）面的垫层内或沿墙敷设在管槽内。

（3）敷设在垫层或墙体管槽内的给水支管的外径不宜大于25mm。

（4）敷设在垫层或墙体管槽内的给水管管材宜采用塑料、金属与塑料复合管材或耐腐蚀的金属管材。

（5）敷设在垫层或墙体管槽内的管材，不得采用可拆卸的连接方式；柔性管材宜采用分水器向各卫生器具配水，中途不得有连接配件，两端接口应明露。

9. 给水支管暗敷墙体、垫层内时设计不合理

解析：对于小管径的配水支管，设计时可以采用埋设在楼板面的垫层内或在非承重墙体上开凿的管槽内的方法。这种直埋安装的管道外径，受垫层厚度或管槽深度的限制，一般外径不宜大于25mm。外径超过25mm的管道宜采用其他的敷设方式。

直埋敷设的管道，除管内壁要求具有优良的防腐性能外，其外壁还要具有抗水泥腐蚀的能力，以确保管道使用的耐久性。

给水管嵌墙敷设时,墙体预留的管槽应经结构专业设计、复核。

在有些地方标准中,对于给水支管暗敷墙体、垫层内有另行规定。设计时需对此充分了解,如安徽省的《民用建筑楼面保温隔声工程技术规程》(DB 34/3468—2019)中第5.1.4条规定,楼面保温隔声工程的防护层内除可设置地暖管道外,不得设置其他任何管道。此时,给水管道应安装在楼板的板下部位,不应设置在防护层内。

10. 叠压供水设备使用不规范、不合理

解析:叠压供水是供水设备从有压的供水管网中直接吸水增压的供水方式。

为减少二次污染及充分利用外网的压力,在条件许可时可考虑叠压供水。叠压供水的系统设计和设备选用应符合当地有关部门的规定,当叠压供水设备直接从城镇给水管网吸水时,其设计方案应经当地供水行政部门及供水部门的批准。

有下列情况时,不得采用叠压供水:

(1)经常性停水的区域或供水管网的供水总量不能满足用水需求的区域,或供水管网管径偏小的区域。

(2)供水管网可利用的水头过低的区域或供水管网压力波动幅度过大的区域。

(3)采用管网叠压供水后,会对周边现有(或规划)用户用水造成严重影响的区域。

(4)当地供水行政主管部门及供水部门认为不得使用的区域。

(5)用水时间过于集中,瞬间用水量过大,而且没有用水调储措施的用户(如学校、影院、剧院、体育场馆等)。

(6)供水保证率要求高,不允许停水的用户。

(7)对健康有危害的有害有毒物质及药品等危险化学物质进行制造、加工、贮存的工厂、研究单位和仓库等用户(含医院),严禁采用。

使用叠压供水时,应注意需设置可靠的、有效的防回流措施和装置。

11. 变频供水泵组的选择配置不节能

解析:变频供水适用于每日用水时间较长、用水量经常变化的场所。从节能考虑,系统宜有一定的用水量规模。供水泵组的选型和配置必须符合如下要求:

(1)应选择 Q-H 特性曲线无驼峰、比转数 ns 适中(在 100~200)、效率高、配备电动机功率相对小的水泵。

（2）应根据主泵高效区的流量范围与设计流量的变化范围之间的比例关系确定水泵组的数量，水泵组宜设 2~4 台主泵，并应设 1 台供水能力不小于最大一台主泵的备用泵。

（3）恒压供水时宜采用同一型号的主泵，变压供水时可采用不同型号的主泵。

（4）多台泵组可采用两台或多台变频的方式运行。

（5）在设计流量变化范围内，各台主泵均宜工作在高效区。

（6）额定转速时，水泵的工作点宜位于高效段右侧的末端。

（7）宜配置适用于小流量工况的水泵，其流量可为 1/3~1/2 单台主泵的流量，扬程应满足配合气压水罐工作的要求。

12. 生活水泵吸水管和出水管的设计不符合规范要求

解析：在生活水泵吸水管和出水管的设计中应注意管道流速、阀门附件的安装设置、管道布置间距、支吊架的设置等方面的要求。

（1）生活水泵吸水管设置应满足《建筑给水排水设计标准》（GB 50015—2019）第 3.9.5 条的规定：

1）水泵宜自灌吸水，每台水泵宜设置单独从水池吸水的吸水管。

2）吸水管内的流速宜采用 1.0~1.2 m/s。

3）吸水管口宜设置喇叭口，喇叭口宜向下，低于水池最低水位不宜小于 0.3 m；当达不到上述要求时，应采取防止空气被吸入的措施。

4）吸水管喇叭口至池底的净距，不应小于 0.8 倍吸水管管径，且不应小于 0.1 m。吸水管喇叭口边缘与池壁的净距不宜小于 1.5 倍吸水管管径。

5）吸水管与吸水管之间的净距，不宜小于 3.5 倍吸水管管径。

6）当水池水位不能满足水泵自灌启动水位时，应设置防止水泵空载启动的保护措施。

（2）当每台水泵单独从水池（箱）吸水有困难时，可采用单独从吸水总管上自灌吸水，吸水总管应符合《建筑给水排水设计标准》（GB 50015—2019）第 3.9.6 条的规定：

1）吸水总管伸入水池（箱）的引水管不宜少于 2 条，当 1 条引水管发生故障时，其余引水管应能通过全部设计流量；每条引水管上都应设阀门。

2）引水管宜设向下的喇叭口，喇叭口的设置应符合上文中吸水管喇叭口的相应规定。

3) 吸水总管内的流速不应大于 1.2 m/s。

4) 水泵吸水管与吸水总管的连接应采用管顶平接，或高出管顶连接。

（3）当室外管网允许水泵直接从室外管网吸水时，应根据《建筑给水排水设计标准》(GB 50015—2019) 第 3.3.7 条的要求在吸水管上设置倒流防止器及阀门、压力表等附件。

（4）每台水泵的出水管上应装设压力表、可曲挠橡胶接头、检修阀门、止回阀，必要时可设置水锤消除装置。口径大于或等于 DN150 的水泵，出水管上可采用多功能水泵控制阀。

（5）在建筑物内的给水泵房，其水泵的吸水管和出水管上应设置减振装置，管道支架、吊架和管道穿墙、穿楼板处，应采取防止固体传声措施。

13. 持压泄压阀缺少检修阀门和排水设施，不符合规范规定

解析：当给水管网存在短时超压工况，会引起使用不安全时，应设置持压泄压阀。持压泄压阀的设置应符合下列规定：

（1）持压泄压阀前应设置阀门。在持压泄压阀之前设置阀门的作用主要是检修，在检修持压泄压阀时关闭此阀门，不需同时放空整个管道。正常运行时，检修阀门应设置为常开。

（2）持压泄压阀的泄水口应连接管道间接排水，其出流口应保证空气间隙不小于 300 mm。持压泄压阀的泄水口应通过连接管道间接排至泵房地沟等排水设施，为防止回流污染，高出排水设施溢流边缘的空气间隙应保证不小于 300 mm。泄压水也可以排入非生活用水水池，若直接排入雨水管道，要有消能措施，防止冲坏连接管和检查井。

14. 管道井布置和内部管道设置不满足要求

解析：管道井的作用是将立管集中布设，便于安装、检修。管道井的尺寸，应根据管道数量、管径大小、排列方式、维修条件，结合建筑平面和结构形式等合理确定。需要进人维修管道的管井，其维修人员的工作通道净宽不宜小于 0.6 m。管道井内各种管道的间距可按照相关要求确定。管道井应每层设通向走廊的检修门，并按消防规范要求设防火分隔。管道井的井壁、隔断和检修门的耐火极限应符合消防规范规定。

管道井位置的确定，必须会同建筑、结构、给排水、暖通、电气等各专业设计人员协商，避免出现各个专业图纸不协调的情况。

在可能造成地面积水的管道井内，应设置地漏和排水立管，其出户管应有防反臭措施。

另外,需要注意的是,目前很多地方的供水部门对需要二次供水的住宅管道井大小尺寸、管道和管井保温措施、排水要求都有明确的规定,管道井及其内部的管道应根据当地具体情况确定。

15. 底层给水管道布置时未避开地下室设备用房

解析:现代建筑常常设置有地下室,地下室的功能较为复杂,大多设有高低压变配电房、通信机房、消防控制室等功能房间,在《建筑给水排水设计标准》(GB 50015—2019)第3.6.2条和《20 kV及以下变电所设计规范》《民用建筑电气设计标准》等规范的相关条文中都有规定不应有无关的管道通过此类功能的房间,在进行建筑底层各类管道布置时,应注意给排水管道不得穿越地下室此类功能用房。同时,还应该注意避免给排水管道穿过消防水池、生活水池、生活泵房、人防地下室等地下室区域。

16. 减压阀组的安装位置及设计选型不合理

解析:减压阀主要用于调整给水系统的供水压力,设置于用水设施前的管道上。常见的减压阀包括比例式减压阀和可调式减压阀等。减压阀的设置应符合下列要求:

(1)减压阀组应设置在不结冰的场所,安装减压阀之前应清除干净管道内的杂物,减压阀应设置在单向流动的管道上,安装时注意并标明减压阀水流方向,不得装反。

(2)减压阀可采用串联、并联安装。当单组减压阀不能达到减压要求时可采用串联方式;当有不间断供水要求时,应采用两个减压阀并联设置,并联宜采用同类型的减压阀。

(3)当不同类型的减压阀串联时,比例式减压阀在前,可调式减压阀在后。

(4)当阀后压力允许波动时,可采用比例式减压阀;当阀后压力要求稳定时,宜采用可调式减压阀中的稳压减压阀。比例式减压阀、立式可调式减压阀宜垂直安装,其他可调式减压阀应水平安装。

(5)减压阀的公称直径宜与其相连管道的管径一致,减压阀前应设阀门和过滤器,需要拆卸阀体才能检修的减压阀,应设管道伸缩器或软接头,支管减压阀可设置管道活接头,检修时阀后水会倒流时,阀后应设阀门,干管减压阀节点处的前后都应装设压力表,支管减压阀节点后应装设压力表。

(6)设置减压阀的部位,应便于管道过滤器的排污和减压阀的检修,地面宜有排水设施。

(7)接减压阀的管段不应有气堵、气阻等现象,设有减压阀的给水系统的立管顶端应设自动排气阀。

（8）弹簧膜片式减压阀的每一档弹簧只能在一定的出口压力范围内适用，宜设置在阀后压力要求比较稳定和安装部位位置比较宽松的场所。

（9）比例式减压阀一般设置在阀前压力与阀后压力有一定比例、阀后压力不需要调节的场合，比例式减压阀的减压比一般为 2：1、3：1、3：2、4：1。减压比不宜太大，当需要较高减压比时可采用两个比例减压阀串联减压。

（10）可调式减压阀可以设置在要求阀后压力可调、阀后压力值相对稳定、安装部位位置比较宽裕的场所。可调式减压阀前最低压力不应小于阀后压力加 0.2 MPa，阀后最低压力不应小于 0.05 MPa。

17. 中小学化学实验室内未设计给排水设施

解析：中小学化学实验室的实验桌均设有洗涤盆，需配备给水排水管道，因此一般建议设置在首层，避免各种管线影响其他房间的使用，也易于检修。并应注意以下问题：

（1）每一间化学实验室内应至少设置 1 个急救冲洗水嘴。

（2）当化学实验室给水水嘴的工作压力大于 0.02 MPa、急救冲洗水嘴的工作压力大于 0.01 MPa 时，应采取减压措施，减压可采取设置稳压水箱、节流塞、减压阀等措施。

（3）为防止学生在实验过程中，经常把废品倒入水槽内，致使排水管道堵塞，实验室化验盆排水口应装设耐腐蚀的挡污算，排水管应采用陶瓷管、塑料管等耐腐蚀的管材。

（4）化学实验室的废水应经过无害化处理后再排入污水管道。

18. 生活饮用水水池、水箱的设计不满足规范要求

解析：生活饮用水水池、水箱在设计中需要注意下列几个方面的问题：

（1）应注意水质和防水质污染的问题。根据《建筑给水排水设计标准》（GB 50015—2019）第 3.3 条的相关规定，生活饮用水水池（箱）应与其他用水的水池（箱）分开设置，建筑物内的生活饮用水水池、水箱的池（箱）体应采用独立结构的形式。生活饮用水水池（箱）进水管口的最低点高出溢流边缘的空气间隙应等于进水管的管径，但最小不应小于 25 mm，最大应不大于 150 mm。当进水管从最高水位以上进入水池（箱），管口处为淹没出流时，应采取真空破坏器等防虹吸回流措施。人孔、通气管、溢流管应有防止生物进入水池（箱）的措施。进出水管布置不得产生水流短路，必要时应设导流装置。生活饮用水池（箱）的溢流、泄空管的排水应间接排水。水池（箱）材质、衬砌材料和内壁涂料，不得影响水质。

(2)生活饮用水水池、水箱的设置还应注意周边场所,在建筑物内,不应设置于与厕所、垃圾间、污(废)水泵房、污(废)水处理机房及其他污染源毗邻的房间内;其上层不应有上述用房及浴室、盥洗室、厨房、洗衣房和其他产生污染源的房间。不应毗邻配变电所或在其上方,不宜毗邻居住用房或在其下方;宜设置在专用房间内,房间应无污染、不结冰、通风良好并应维修方便。若在室外设置时,生活饮用水水池、水箱及管道应采取防冻、隔热措施。

(3)生活饮用水水池、水箱应注意防止水质二次污染,生活饮用水水池(箱)内贮水更新时间不宜超过48h,并应设置消毒设施。为确保供水水质满足国家生活饮用水卫生标准的要求,生活饮用水水池(箱)需加强管理,并设置水消毒处理装置。根据物业管理水平选择水箱的消毒方式,应首选物理消毒方式,如紫外线消毒等,可参考现行行业标准《二次供水工程技术规程》(CJJ140)。消毒装置一般可设置于终端直接供水的水池(箱),也可以在水池(箱)的出水管上设置消毒装置。

(4)生活饮用水水池、水箱的外壁与建筑本体墙面或其他池壁之间的净距,应满足施工或装配的要求,无管道的侧面净距不宜小于0.7m;安装有管道的侧面,净距不宜小于1.0m,且管道外壁与建筑本体墙面之间的通道宽度不宜小于0.6m;设有人孔的池顶,顶板面与上面建筑本体板底的净空不应小于0.8m;水箱底与房间地面板的净距,当有管道敷设时不宜小于0.8m。供水泵吸水的水池(箱)内宜设有水泵吸水坑,吸水坑的大小和深度应满足水泵或水泵吸水管的安装要求。

(5)生活饮用水水池、水箱等构筑物应设置进水管、出水管、溢流管、泄水管、通气管和水位信号装置等设备和附件。

第四章　热水系统

1. 集中热水供应系统回水管设置不当

解析: 集中热水供应系统应设热水循环系统,并应符合下列规定:

(1)热水配水点保证最低出水温度的出水时间:居住建筑不应大于 15 s,公共建筑不应大于 10 s。

(2)应合理布置循环管道,减少能耗。

(3)对使用水温要求不高且不多于 3 个的非沐浴用水点,当其热水供水管长度大于 15 m 时,可不设热水回水管。

(4)小区集中热水供应系统应设热水回水总管和总循环水泵,保证供水总管的热水循环,其所供单栋建筑的集中热水供应系统应设热水回水管和循环水泵,保证干管和立管中的热水循环。

2. 热水循环系统未采用措施保证循环效果

解析: 热水循环系统应采取下列措施保证循环效果:

(1)当居住小区内集中热水供应系统的各单栋建筑的热水管道布置相同且不增加室外热水回水总管时,宜采用同程布置的循环系统。当无此条件时,宜根据建筑物的布置、各单体建筑物内热水循环管道布置的差异等,在单栋建筑回水干管末端设分循环水泵、温度控制或流量控制的循环阀件。

(2)单栋建筑内集中热水供应系统的热水循环管宜根据配水点的分布布置循环管道:

1)循环管道同程布置。

2)循环管道异程布置,在回水立管上设导流循环管件、温度控制或流量控制的循环阀件。

(3)采用减压阀分区时,应保证各分区热水的循环。

(4)集中集热、分散供热太阳能热水系统采用由集热水箱或由集热、贮热、换热一体间接预热承压冷水供应热水的组合系统直接向分散带温控的热水器供水,且至最远热水器热水管总长不大于 20 m 时,热水供水系统可不设循环管道。

（5）设有 3 个或 3 个以上卫生间的住宅、酒店式公寓、别墅等共用热水器的局部热水供应系统，宜采取下列措施：

1）设小循环泵机械循环。

2）设回水配件自然循环。

3）热水管设自调控电伴热保温。

3. 热水管网缺温度补偿措施

解析：热水管道系统，应有补偿管道热胀冷缩的措施。设计中常用自然补偿、伸缩器（节）补偿和设固定支架等措施。应根据所采用的管材，按相关规范进行计算和设计，并将它们标示在施工图纸上，且说明补偿器规格和伸缩量。

4. 热水管网未设排气和泄水等装置

解析：在热水系统中，由于热水在管道内不断析出气体（溶解氧和二氧化碳），会使管内积气，如果不及时排出，不但阻碍管道内的水流还加速管道内壁的腐蚀。为了使热水供应系统能正常运行，应在热水管道积聚空气的地方装自动放气阀。

在热水系统的最低点设泄水装置是为了放空系统中的水，以便维修。如在系统的最低处有配水点时，则可利用最低配水点泄水而不另设泄水装置。

上行下给式系统配水干管最高点应设排气装置，可利用系统的最低配水点作为泄水装置；下行上给式配水系统可利用最高配水点放气或在立管顶端设排气装置，系统的最低点应设泄水装置。

5. 太阳能热水系统设计说明及设计图纸内容不完全

解析：太阳能热水系统与建筑一体化设计说明应包括下列内容：

（1）设计依据（相关设计规范规程、地方有关政策规定、建设单位提供的工程设计资料等）。

（2）工程概况：设计气象参数；建筑类别和规模：居住建筑（或公共建筑）、建筑面积、建筑高度、太阳能热水应用范围、用水人数或单位。

（3）设计参数：热水用水定额、水温和用水时间、水质和水压要求；太阳能保证率的确定；使用热水的计算人数；最大日热水量、最大时热水量和耗热量。

（4）太阳能热水系统类型（按热水供水范围分类：集中供热水系统、集中—分散供热水系统和分散供热水系统）。

（5）集热器类型和集热器总面积、太阳能热水箱（热水罐）有效容积（分散供热水系统应注明每户热水箱容积和集热器面积）。

（6）辅助热源：根据建筑节能要求和工程的具体情况确定的辅助热源类型。

（7）采用的管材和接口形式、试压要求、保温、系统防冻和防过热措施。

设计图纸应包括以下内容：

（1）太阳能热水系统相关设备、管路平面布置图。

（2）热水供应系统原理图（包括热水供回水管路、热水循环泵和热水系统控制要求等）。

（3）太阳能集热系统和辅助加热系统图（包括热水箱、辅助加热设备和相应管路系统等）。

（4）主要设备安装详图（包括设备、管路、附件布置及定位）、管井大样图。

（5）主要设备材料表（包括材质、规格、型号及数量等）。

6. 居住建筑未设太阳能热水系统，且未同步设计热水管

解析： 居住建筑是否设置太阳能热水系统，由当地太阳能系统设置要求确定，故设计时需了解当地具体要求；设置太阳能热水系统的居住建筑应同步设计热水管，且管道应设计到用水点，不允许二次设计。

7. 医院集中热水供应系统设计容易忽视的问题

解析： 由于医院手术室、产房、器械洗涤等部门要求经常有热水供应，不能有意外的中断，否则有可能造成医疗事故。因此，医院集中热水供应系统的热源机组和水加热设备不得少于 2 台，当一台检修时，其余各台的总供热能力不得小于设计小时供热量的 60%。

医院建筑应采用无冷温水滞水区的水加热设备。因为医院是各种致病细菌滋生、繁殖最适宜的地方，带有冷温水滞水区的水加热器，其滞水区的水温一般在 20～30℃，是细菌繁殖生长最适宜的环境，国外早已有从这种带滞水区的容积式水加热器中发现致人体生命危险的军团菌的报道。因此，医院等病菌滋生繁殖较严重的地方，不得采用带冷温水滞水区的水加热器。国内研发成功的半容积水加热器，运行时无冷温水滞水区，是医院等建筑集中热水供应系统的合理选用设备。

8. 热水系统管网缺具体防膨胀措施

解析： 热水系统管网需设置防膨胀措施。在开式热水供应系统中可设置膨胀管，膨胀管上严禁设阀门。在闭式热水供应系统中，应设置压力式膨胀罐、泄压阀；其中，最高日用热水量小于等于 30 m³ 的热水供应系统可采用安全阀等泄压的措施，最高日用热水量大于 30 m³ 的热水供应系统应设置压力式膨胀罐。膨胀罐宜设置在水加热设备的冷水补水管上或热水回水管上，其连接管上不宜设阀门。

9. 热水系统供水干管和回水干管不宜变径

解析: 为了保证各立管的循环效果,尽量减少干管的水头损失,保证系统的循环效果,确保配水点的水温稳定,热水供水干管和回水干管均不宜变径。

10. 公共浴室淋浴器未采取有效的节水节能措施

解析: 可采用高效节水花洒或者安装智能流量控制装置;淋浴喷头内部宜设置限流装置;对于淋浴时间较短的公共浴室,宜采用单管热水供应系统;采用双管供水的公共浴室宜采用带恒温控制与温度显示功能的冷热水混合淋浴器;控制冷热水出水压差不大于 0.01 MPa,同时配水点出水压力不大于 0.2 MPa。

11. 热水竖向分区过大,且与冷水竖向分区不一致

解析: 有的热水系统设计未按《建筑给水排水设计标准》(GB 50015—2019)执行,人为扩大分区供水层数,不满足"当生活给水系统分区供水时,各分区的静水压力不宜大于 0.45 MPa;当设有集中热水系统时,分区静水压力不宜大于 0.55 MPa"的要求。各地方有具体规定时,需满足各地方规定的要求。

12. 热水管道及设备未做保温处理

解析: 热水系统供、回水管道和设备,应明确保温做法,避免造成能源的极大浪费,而且可能使较远配水点得不到规定水温的热水。保温层的厚度应经计算确定,在实际工作中一般可按经验数据或现成绝热材料定型预制品,如选用发泡橡塑管、硬聚氨酯泡沫塑料、水泥珍珠岩制品等。

13. 多于 3 个淋浴器的配水管道,未布置成环形

解析: 环状供水是保证各淋浴器处出水压力稳定与平衡、节水、使用舒适的重要措施。成组淋浴器的配水管的沿程水头损失,当淋浴器少于或等于 6 个时,可采用每米不大于 300 Pa;当淋浴器多于 6 个时,可采用每米不大于 350 Pa。配水管不宜变径,且其最小管径不得小于 25 mm。多于 3 个淋浴器的配水管道,宜布置成环形。

14. 密闭式水加热器冷水进水管小于热水出水管

解析: 《建筑给水排水设计标准》(GB 50015—2019)第 6.5.13 条规定水加热器"冷水补给水管的管径应按热水供应系统总干管的设计秒流量确定"。密闭式水加热器的冷水补水和水加热器直接连通,其热水供水完全靠冷水补水直接供给,因此,密闭式水加热器的冷水进水管的管径不应小于热水出水管的管径。

15. 局部热水供应设备选用及设置不当

解析:局部热水供应设备选用及设置应符合下列规定:

(1)选用设备应综合考虑热源条件、建筑物性质、安装位置、安全要求及设备性能特点等因素。

(2)当供给2个和2个以上用水器具同时使用时,宜采用带有贮热调节容积的热水器。

(3)当以太阳能作为热源时,应设辅助热源。

(4)热水器不应安装在下列位置:易燃物堆放处,对燃气管、表或电气设备有安全隐患处,腐蚀性气体和灰尘污染处。

(5)燃气热水器、电热水器必须带有保证使用安全的装置。严禁在浴室内安装燃气热水器等在使用空间内积聚有害气体的加热设备。故安装在浴室内的热水器不能选用燃气热水器,同时燃气热水器应选择有外窗的房间里安装,以便万一发生爆炸可通过外窗泄爆,减少危害。

16. 与热水器相连的热水管采用塑料管或钢塑管

解析:与热水器相连的热水管不应采用塑料管或钢塑管,主要因为热水器出口接管处是温度最高处,即便是热水型塑料管或钢塑管,其耐高温性能也远不如金属管道,长期处于高温状态时易很快老化而破坏,此处应有不小于0.4 m的金属管段过渡。

17. 太阳能热水系统设计常见错误

解析:常见错误如下:

(1)公共建筑宜采用集中集热、集中供热太阳能热水系统;住宅类建筑宜采用集中集热、分散供热太阳能热水系统或分散集热、分散供热太阳能热水系统。旅馆、医院等公共建筑因使用要求较高,且管理水平较好的宜采用集中集热、集中供热太阳能热水系统。而普通住宅因存在管理困难、收费矛盾等众多难题,宜采用集中集热、分散供热太阳能热水系统或分散集热、分散供热太阳能热水系统。

(2)寒冷地区不宜采用太阳能平板式集热器。平板式集热器的优点是集热效率高,构造相对简单,耐压和耐冷热冲击能力强;缺点是保温性能较差,抗冻性能差。当采取防冻措施后可用于寒冷地区。

(3)太阳能集热系统误用塑料管。塑料管和各种复合管材均不适宜于高温条件下应用,尤其是塑料管高温时易老化、失去承压能力,而采用钢管或镀锌钢管,水质难以保证。因此,太阳能集热系统宜采用不锈钢管或铜管。

18. 水加热器的冷水供水管未设止回阀

解析:根据《建筑给水排水设计标准》(GB 50015—2019)第3.5.6条第二款:密闭的水加热器或用水设备的进水管上,应设置止回阀(如已设置倒流防止器,不需再设止回阀)。当局部热水供应系统采用贮水容积大于200 L的容积式燃气热水器、电热水器或设置有热水循环时,应设置止回阀。若不设置止回阀,水加热器或用水设备的热水由于热膨胀或虹吸作用会倒流到冷水管。

19. 安全阀前误加阀门、泄水未泄至安全处

解析:安全阀阀前、阀后不得设置阀门,泄压口应连接管道将泄压水(气)引至安全地点排放。压力容器设备应装安全阀,安全阀的接管直径应经计算确定,并应符合锅炉和压力容器的有关规定,安全阀前、后不得设阀门,其泄水管应引至安全处。

20. 热水系统循环水泵扬程过大

解析:全日供应热水系统或者定时供应热水系统循环水泵扬程过大,将造成热水供水压力过高且不稳定,同时耗能。循环水泵扬程应为循环水量通过配、回水管道的水头损失之和。当采用半即热式水加热器或快速水加热器时,水泵扬程尚应计算水加热器的水头损失。

21. 水加热器未设温控装置

解析:无论单管还是双管热水系统,热水供应温度平稳是至关重要的,温度变化频繁或变化幅度大都将给使用者带来不便,甚至出现烫伤事故。为了保证热水供应温度平稳,应根据水加热器的种类设置不同温级精度的自动温度调节阀。

22. 热水管穿楼板等处未设套管

解析:热水管穿越建筑物墙壁、楼板和基础处应加套管,穿越屋面和地下室外墙时应加防水套管。一般套管内径应比通过热水管的外径大2号到3号,中间填不燃烧材料再用沥青、油膏之类的软密封防水填料灌平。套管高出地面大于等于20 mm。

23. 老年人照料设施、安定医院、幼儿园、监狱等建筑中为特殊人群提供沐浴热水的设施未采取防烫伤措施

解析:生活热水系统从热源、水加热设施、热水管网到末端配水点给水的整个过程,均存在烫伤事故隐患。由于热水配水点的供水水温要求不应低于45℃,而盥洗、沐浴等有热水需求的生活用水的使用温度在30～40℃,在人体直接接触热水的淋浴、浴盆设备配水点处若出现冷热水供水压力不均衡、热水温度过高、淋浴器开关操作不当或冷热水开关失灵等情况,便容易发生烫伤事故。为了保证老人、幼儿等弱势群体集聚场所以及安定医院、监狱等特殊使用场所的热水用水安全,老年人照料设施、安定医院、幼儿园、监狱等场所的淋浴器和浴盆给水配件应采取防烫伤措施,对水加热设备的热水供水温度进行控制,保持用水点处冷热水压力稳定与平衡,在系统或给水终端设置安全可靠的恒温混合阀,调节和恒定合理的出水温度,采用防烫龙头,并在系统冷水或热水因故障中断供水时自动关闭阀门,停止供水。

24. 热水系统仅在各楼层热水分支总管设水表计量不妥

解析:热水系统中,各楼层热水分支总管设水表的做法不妥,因有循环回水,不能准确计量。可在回水总管上同时设水表,以水表计量差值计量热水用量。

第五章　排水系统

1. 生活排水立管布置时往往忽视下列问题,造成设计错误

解析:室内排水立管在设计时应注意下列问题:

(1)排水立管宜靠近排水量最大或水质最差的排水点,卫生间的排水立管宜靠近大便器设置。

(2)住宅内排水立管的设置位置需避免噪声对卧室的影响,排水立管不应设置在卧室内(包含利用卧室空间设置排水立管管道井的情况),且不宜靠近与卧室相邻的内墙,当必须靠近与卧室相邻的内墙时,排水立管应避免选用噪声较大的普通塑料管,而应采用低噪声管材(如橡胶密封圈柔性接口机制排水铸铁管、双壁芯层发泡塑料排水管、内螺旋消声塑料排水管等)。

(3)住宅厨房间的废水不得与卫生间的污水合用一根立管,主要指厨房间废水不能接入卫生间生活污水立管,不含卫生间的废水立管、排出管以及转换层的排水干管。

(4)住宅厨房排水立管布置时应注意灶台的位置,为燃气管道留出安装空间。

(5)排水立管布置时应提前与建筑专业沟通,预留足够的空间,避免出现管道遮挡窗户的情况。

(6)生活污水立管不应安装在与档案库相邻的内墙上。

2. 阳台、露台排水管道未按规范要求设计

解析:阳台、露台排水管道在设计时应注意下列问题:

(1)高层建筑阳台雨水排水系统应单独设置,多层建筑阳台雨水排水系统宜单独设置。

(2)阳台雨水立管可设置在阳台内部。

(3)住宅的生活阳台设有洗衣机或洗涤盆和排水地漏时,应设专用排水立管接入室外污水排水系统。此时阳台雨水可排入生活排水地漏中,不必另设雨水排水立管。阳台设置的生活排水地漏应设水封装置,优先采用密闭防涸地漏,水封深度不应小于 50 mm。

（4）阳台、露台排水管道的设置位置和雨水、废水的排放同时应满足当地政府主管部门的相关要求。为杜绝屋面雨水从阳台溢出，防止阳台地漏泛臭，可采取下列排水方式：当住宅阳台、露台雨水排入室外地面或雨水控制利用设施时，雨水排水管应采取断接方式；当阳台、露台雨水排入小区污水管道时，应设水封井。

3. 建筑物雨水管道布置时数量偏少或穿越规范规定不应穿越的区域

解析：建筑物雨水管道在设计时应注意下列问题：

（1）建筑屋面各汇水区域内，雨水排水立管不宜少于 2 根，一旦一根排水立管堵塞，至少还有一根可以泄排雨水。屋面电梯机房、通风机房、门厅雨篷处及其他局部挑出的雨篷等处，因汇水面积较小，容易忽略上述要求，在设计时应引起足够重视。

（2）雨水管道应避免布置在下列场所：对生产工艺或卫生条件有特殊要求的生产厂房、车间；贮存食品、贵重商品的库房；通风小室、各类电气机房和电梯机房。

（3）高层建筑雨水排水系统中，立管上部是负压区，下部是正压区，裙房位于高层建筑下部，裙房屋面雨水汇入高层建筑屋面排水管道系统不但会造成裙房屋面的雨水排水不畅，还有可能造成雨水反溢，所以在设计裙房屋面的雨水系统时，雨水排水管应单独设置，不得汇入高层建筑屋面排水管道系统。

（4）为避免屋面雨水管道设置在套内时产生噪声扰民，或雨水管道渗漏造成财产损失，居住建筑（如住宅、宿舍、病房楼等）设置雨水内排水系统时，除敞开式阳台外，应设在公共部位的管道井内。

（5）雨水管道敷设在结构层或结构柱内，雨水管渗漏会腐蚀钢筋影响结构安全，雨水管道一旦堵塞，不能维护更换，也会造成屋面积水，所以在设计时应避免将雨水管道敷设在结构层或结构柱内，若有特殊要求，需与结构专业人员充分沟通并采取严密保护措施。

（6）雨水管道在穿越楼层应设套管，管径大于等于 DN110 的塑料雨水管穿越防火墙和楼板时，应在防火墙两侧或楼板下侧管道上设置阻火装置（当管道布置在楼梯间休息平台上时，可不设阻火装置）。雨水管穿越地下室外墙处，应采取防水措施。以上措施在设计时应在图纸中予以明确。

（7）雨水管道底部架空时，应在立管底部设支墩或其他固定措施，地下室横管转弯处也应设置支墩或固定措施。

4.建筑物排水管道布置时不满足规范相关要求

解析:建筑物排水管道在布置时往往会忽略下列问题,造成设计错误:

(1)排水管道不得穿越下列场所:卧室、客房、病房和宿舍等人员居住的房间;生活饮用水池(箱)上方;遇水会引起燃烧、爆炸的原料、产品和设备的上面;食堂厨房和饮食业厨房的主副食操作、烹调和备餐的上方。以上4条均为《建筑给水排水设计标准》(GB 50015—2019)规定的强制性条文,在设计时应严格遵守。

(2)排水管道不得敷设在食品和贵重商品仓库、通风小室、电气机房和电梯机房内。

(3)排水管道不得穿过变形缝、烟道和风道。当排水管道必须穿过变形缝时,应采取相应技术措施:管道穿越沉降缝处,应余留沉降量,设置不锈钢软管柔性连接,并在主要结构沉降已基本完成后再进行安装。

(4)排水管道不应布置在易受机械撞击处;排水埋地管道不得布置在可能受重物压坏处或穿越生产设备基础,如果必须敷设时,应做金属防护套管并采用柔性接口。

(5)排水管、通气管不得穿越住户客厅、餐厅。

(6)排水管道不宜穿越橱窗、壁柜,不得穿越贮藏室。"排水管道不得穿越贮藏室"为《建筑给水排水设计标准》(GB 50015—2019)新增条文,在设计时往往容易被忽略,如住宅下部地下室常常布置为具有储藏功能的房间,设计时应提前和建筑结构专业沟通采取降板等措施,避免管道穿越地下贮藏室;公共建筑设计时应提前和建筑专业沟通,避免在贮藏室上方设置卫生间。

(7)排水管道不应穿越图书馆的书库、档案馆库区、档案室、音像库房等。

(8)塑料排水管不应布置在热源附近;当不能避免并导致管道表面受热温度大于60℃时,应采取隔热措施;塑料排水立管与家用灶具边净距不得小于0.4 m。

5.建筑物室内排水管道的管材选择时忽视了下列问题,造成管材选用错误

解析:生活排水管道的选择,应综合考虑排放介质的使用情况、建筑物的使用性质、建筑高度、抗震要求等,因地制宜,合理选用。排水管材的选择应符合下列规定:

(1)室内生活排水管道应采用建筑排水塑料管材、柔性接口机制排水铸铁管及相应管件;通气管材宜与排水管管材一致。

(2)当连续排水温度大于40℃时,应采用金属排水管或耐热塑料排水管,如建筑物内设置的开水器、开水炉等,其排污、排水管道均应在设计时注明采用金属排水管或耐热塑料排水管。

（3）压力排水管道可采用耐压塑料管、金属管或钢塑复合管。

（4）实验楼、教学楼、医院等排放酸、碱性废水，选用塑料排水管材时，应注意废水的酸、碱等化学成分对塑料管材质和接口的腐蚀。

（5）对于重力流雨水排水系统，当采用外排水时，可选用建筑排水塑料管；当采用内排水雨水系统时，宜采用承压塑料管、金属管或涂塑钢管等管材。

（6）满管压力流雨水排水系统宜采用承压塑料管、金属管、涂塑钢管、内壁较光滑的带内衬的承压排水铸铁管等。

6. 建筑物内排水地漏设计位置不合理，选型错误

解析：地漏应设置在有设备和地面排水的下列场所：卫生间、盥洗室、淋浴间、开水间；在洗衣机、直饮水设备、开水器等设备的附近；食堂、餐饮业的厨房间；地漏应设置在易溅水的器具或冲洗水嘴附近，且应在地面的最低处。

地漏的选用应符合下列规定：

(1)食堂、厨房和公共浴室等排水宜设置网筐式地漏。

(2)不经常排水的场所设置地漏时，应采用密闭地漏。

(3)管道井、设备层等处事故排水地漏不宜设水封，连接地漏的排水管道应采用间接排水。

(4)设备排水应采用直通式地漏。

(5)地下车库如有消防排水时，宜设置大流量专用地漏。

(6)住宅套内应按洗衣机位置设置洗衣机专用地漏（算面具有专供洗衣机排水管插口的地漏）。

(7)对于排水水温要求较高的场所，如开水器、开水炉、公共厨房及灶台等处地面排水可选用工程塑料聚碳酸酯材质或金属材质的地漏。

(8)在住宅飘窗内设置排水地漏一定要注意下层空间功能，防止排水管进入下层住户卧室，如果必须设置时应采用侧墙地漏。

地漏的规格应根据设计场所的排水量和水质情况确定。一般卫生间为DN50；空调机房、公共厨房、车库冲洗排水不小于DN75；接纳自喷系统末端试验装置排水的地漏不小于DN75；当淋浴间采用排水沟排水时，8个淋浴器可设置1个DN100地漏，不设排水沟时地漏规格见表5-1。

表 5-1 地漏规格

地漏直径(mm)	淋浴器数量(个)
50	1~2
75	3
100	4~5

7. 靠近生活排水立管底部的排水支管连接未按规范要求设计,造成底层污水反溢

解析:靠近生活排水立管底部的排水支管连接,应符合下列规定:

(1)排水立管最低排水横支管与立管连接处距排水立管管底的垂直距离不得小于表 5-2 中的规定:

表 5-2 垂直距离

立管连接卫生器具层数	垂直距离(m)	
	仅设伸顶通气	设通气立管
≤4 层	0.45	按配件最小安装尺寸确定
5~6 层	0.75	
7~12 层	1.20	
13~19 层	底层单独排出	0.75
≥20 层		1.20

(2)当排水支管连接在排出管或排水横干管上时,连接点距立管底部下游的水平距离不得小于 1.5 m。

(3)排水支管接入横干管竖直转向管段时,连接点应距转向处以下不得小于 0.6 m。

(4)当靠近排水立管底部的排水支管的连接不能满足本条第一款、第二款的要求时或在距排水立管底部 1.5 m 距离之内的排出管、排水横管有 90°水平转弯管段时,底层排水横支管应单独排至室外检查井或采取有效的防反压措施。

(5)住宅超过 3 层时,底层卫生间、厨房排水应单独排出,当底层为架空层或功能改变时,住宅最下面一层排水不应接入发生偏置前的上部排水立管,且不宜接入上层排水横向转弯管道,宜单独排出。

8.设计说明对塑料排水管伸缩节设置要求表述不清

解析:黏结或热熔连接的塑料排水立管应根据其管道的伸缩量设置伸缩节,伸缩节宜设置在汇合配件处。排水横管应设置专用伸缩节。在设计时,往往对伸缩节的设置要求表述过于简化,伸缩节的设计应按下列要求执行。

(1)塑料排水立管上设伸缩节时,应以不影响或少影响汇合部位相连通的管道产生位移为原则:当层高大于2.2 m但不大于4 m时,每层设一伸缩节,穿楼板处应为固定支撑;当层高大于4 m时,伸缩节数量应通过计算伸缩量确定,立管伸缩节最大间距不大于4 m;当有横管接入时,伸缩节应靠近水流汇合管件。汇合管件在楼板下部时,应在汇合部位下方设伸缩节,汇合管件靠地面时,应在汇合部位上部设伸缩节;无横管接入时,宜距地1.0~1.2 m设伸缩节。

(2)塑料排水横管上设伸缩节时,应符合下列规定。横支管、横干管、器具通气管上无汇合管件时,直线管段长度大于2.2 m,在与立管和汇合管件位置的横管一侧设伸缩节;直线管段长度大于4 m时,伸缩节数量应通过计算伸缩量确定,两个伸缩节最大间距不大于4 m。横管伸缩节应采用能承压的专用伸缩节,其承压性能应大于0.08 MPa,且立管伸缩节不得用于横管上。伸缩节的承口必须是迎水流方向。

9.排水管检查口设置位置不合理或漏设检查口

解析:检查口为带有可开启检查盖的配件,装设在排水立管和较长的水平横管段上,可作为检查和双向清通管道之用。生活排水管道应按下列规定设置检查口:

(1)排水立管上连接排水横支管的楼层应设检查口,且在建筑物底层必须设置。

(2)当立管水平拐弯或有"乙"字管时,在该层立管拐弯处和"乙"字管的上部应设检查口。

(3)住宅污、废水立管上的检查口应每层设置。

(4)重力流雨水排水系统中长度大于15 m的雨水悬吊管应设检查口,其间距不宜大于20 m,且应布置在便于维修操作处。

(5)检查口中心高度距操作地面宜为1.0 m,并应高于该层卫生器具上边缘0.15 m;当排水立管设有H管时,检查口应设置在H管件的上边。

(6)当地下室立管上设置检查口时,检查口应设置在立管底部之上。

(7)当排水横管悬吊在转换层或地下室顶板下设置清扫口有困难时,可用检查口替代清扫口。

10.排水管清扫口设置位置不合理或漏设清扫口

解析:清扫口装在排水横管上,是用于单向清通排水管道的维修口。排水管道上应按下列规定设置清扫口:

(1)连接2个及以上的大便器或3个及以上卫生器具的铸铁排水横管上,宜设置清扫口;连接4个及以上的大便器的塑料排水横管上宜设置清扫口。

(2)水流转角小于135°的排水横管上,应设清扫口;清扫口可采用带清扫口的转角配件替代。

(3)随着建筑面积的不断扩大和建筑功能的不断增加,建筑内部排水管道排至室外的距离大大加长,设计中容易忽略在这一部分管线上设置清扫口或清扫口数量不足和间距过大,造成后续使用中管道一旦堵塞,清扫困难,《建筑给水排水设计标准》(GB 50015—2019)对此做出明确规定,设计中应严格执行,见表5-3、表5-4。

表5-3　排水立管底部或排出管上清扫口至室外检查井中心的最大长度

管径(mm)	50	75	100	100以上
最大长度(m)	10	12	15	20

表5-4　排水横管的直线管段上清扫口之间的最大距离

管径(mm)	距离(m)	
	生活废水	生活污水
50~75	10	8
100~150	15	10
200	25	20

(4)排水管上设置清扫口应符合下列规定:在排水横管上设置清扫口,宜将清扫口设置在楼板或地坪上,且应与地面相平,清扫口中心与其端部相垂直的墙面的净距离不得小于0.2m;楼板下排水横管起点的清扫口与其端部相垂直的墙面的距离不得小于0.4m;排水横管起点设置堵头代替清扫口时,堵头与墙面应有不小于0.4m的距离;在管径小于100mm的排水管道上设置清扫口,其尺寸应与管道同径;在管径大于或等于100mm的排水管道上设置清扫口,应采用100mm直径清扫口;铸铁排水管道设置的清扫口,其材质应为铜质;塑料排水管道上设置的清扫口宜与管道材质相同;排水横管连接清扫口的连接管及管件应与清扫口同径,并采用45°斜三通和45°弯头或由两个45°弯头组合的管件;生活排水管道不应在建筑物内设检查井替代清扫口。

11. 底层排水管道单独排出时设置通气管道易忽略下列问题,造成设计错误

解析:《建筑给水排水设计标准》(GB 50015—2019)对底层排水管道通气问题做出了规定,在设计时可以参照执行。

当底层生活排水管道单独排出且符合下列条件时,可不设通气管:

(1)住宅排水管以户排出时。

(2)公共建筑无通气的底层生活排水支管单独排出的最大卫生器具数量符合表5-5中的规定。

表5-5 卫生器具数量

排水横支管管径(mm)	卫生器具	数量
50	排水管径≤50 mm	1
75	排水管径≤75 mm	1
	排水管径≤50 mm	3
100	大便器	5

(3)排水横管长度不应大于12 m。

按照上述规定进行设计时,还有几个问题需要注意:排水横支管连接地漏时,地漏可不计数量;DN100管道除连接大便器外,还可连接该卫生间配置的小便器和洗涤设备;"底层排水管道单独排出"适用于公共建筑一个卫生间(含男厕和女厕)的便溺或洗涤用器具,或公共建筑其他用房配置的洗涤洁具在底层排水横支管单独排水。管道的设计坡度应符合《建筑给水排水设计标准》(GB 50015—2019)第4.5.5条、第4.5.6条的要求。2个及以上卫生间的排水支管合并后排出不称为单独排出。

12. 生活排水管道系统设置伸顶通气管道时忽视下列问题,造成设计高度不够或臭气返回室内,造成二次污染

解析:生活排水管道的立管顶端应设置伸顶通气管,高出屋面的伸顶通气管在设计时应符合下列要求:

(1)通气管高出屋面不得小于0.3 m,且应大于最大积雪厚度,通气管顶端应装设风帽或网罩。此条需要注意的是,屋顶设隔热层时,高于屋面的高度应从隔热板面算起,在设计时应标注清楚。

(2)在通气管口周围4 m以内有门窗时,通气管口应高出窗顶0.6 m或引向无门窗一侧,通气管口不宜设在建筑物挑出部分(如屋檐檐口、阳台、雨棚等)的下面,设计时往往忽视了通气管与周边门窗的距离,造成臭气返回室内,造成二次污染,此条规定应在设计过程中引起足够重视。

(3)在全年不结冰的地区,可在室外设吸气阀替代伸顶通气管,吸气阀设在屋面隐蔽处。

(4)当伸顶通气管为金属管材时,应与电气专业沟通,根据防雷要求设置防雷装置。

(5)当伸顶通气管无法伸出屋面时,有条件时可以设置侧墙通气,通气管口的设置仍要注意满足与周边门窗的距离要求。

(6)当设置伸顶通气、侧墙通气和自循环通气条件均不具备时,公共建筑内排水立管顶部可以设置吸气阀。当建筑物排水立管顶部设置吸气阀或排水立管为自循环通气的排水系统时,宜在其室外接户管的起始检查井上设置管径不小于100mm的通气管;通气管口周围4m以内有门窗时,通气管口应高出窗顶0.6m或引向无门窗一侧;设置在其他隐蔽部位时,应高出地面不小于2m。

13. 生活排水管道系统未按规范要求设计环形通气管道,或环形通气管道连接错误

解析:环形通气管是建筑物排水系统中常见的一种通气方式,尤其是在功能复杂的大型公共建筑中,卫生间设计卫生器具较多、排出管线长度较长的情况下,环形通气管的应用较为普遍,在设计环形通气管时应注意下列问题:

(1)除满足《建筑给水排水设计标准》(GB 50015—2019)第4.7.1条的规定外,下列排水管段应设环形通气管:连接4个及以上卫生器具且横支管的长度大于12m的排水横支管;连接6个及以上大便器的污水横支管;设有器具通气管;特殊单立管偏置时。

(2)建筑物内的排水管道上设有环形通气管时,应设置连接各环形通气管的主通气立管或副通气立管。通气立管不得接纳器具污水、废水和雨水,不得与风道和烟道连接。

(3)环形通气管应在最高层卫生器具上边缘0.15m或检查口以上,按不小于0.01的上升坡度(坡的高度是它水平长度的0.01倍)敷设与通气立管连接。

(4)在横支管上设环形通气管时,应在其最始端的两个卫生器具之间接出,并应在排水支管中心线以上与排水支管呈90°或45°连接。

(5)在建筑物内不得用吸气阀替代器具通气管和环形通气管。

14. 各种通气管管径的设计较随意,未按规范要求进行设计计算

解析:通气管的管径应根据排水管的排水能力、管道长度及排水系统通气

形式确定,设计时可按下列规定执行:

(1)通气管最小管径不宜小于排水管管径的1/2,并可按表5-6确定。

表5-6 通气管最小管径(mm)

通气管名称	排水管管径(mm)			
	50	75	100	150
器具通气管	32	—	50	—
环形通气管	32	40	50	—
通气立管	40	50	75	100

(2)下列情况通气立管管径应与排水立管管径相同:专用通气立管、主通气立管、副通气立管长度在50m以上时;自循环通气系统的通气立管。

(3)通气立管长度不大于50m且2根及以上排水立管同时与1根通气立管相连时,通气立管管径应以最大一根排水立管按上表确定,且其管径不宜小于其余任何一根排水立管管径。

(4)结合通气管的管径确定应符合下列规定:通气立管伸顶时,其管径不宜小于与其连接的通气立管管径;自循环通气时,其管径宜小于与其连接的通气立管管径。

(5)伸顶通气管管径应与排水立管管径相同。最冷月平均气温低于-13℃的地区,应在室内平顶或吊顶以下0.3m处将管径放大一级。

(6)当2根或2根以上排水立管的通气管汇合连接时,汇合通气管的断面积应为最大一根排水立管的通气管的断面积加其余排水立管的通气管断面积之和的1/4。

15. 设计说明中对穿越楼层和管道井的排水管道应采取哪些防火措施交代不清楚

解析:穿越楼层等处的排水管道根据选用管材不同应分别采取下列防火措施:

(1)金属排水管道穿楼板和防火墙的洞口间隙、套管间隙应采用防火材料封堵。

(2)塑料排水管设置阻火装置应符合下列规定:当管道穿越防火墙时应在墙两侧管道上设置;高层建筑中明设管径大于或等于DN110排水立管穿越楼板时,应在楼板下侧管道上设置;当排水管道穿管道井壁时,应在井壁外侧管道上设置。

16. 地下汽车库和自行车库排水集水坑有效容积设计不合理,排水泵选型

未经过计算,造成地面积水不能及时排出

解析:地下汽车库和自行车库排水系统的设计应注意下列问题:

(1)坡道上、下口均应设截水沟,上口截水沟排水可就近排至室外雨水系统,下口截水沟排水可引入集水坑。

(2)地下汽车库坡道下集水坑有效容积不应小于最大一台排水泵 5 min 的出水量且排水泵每小时的启动次数不宜超过 6 次,同时排水泵的流量要根据流入集水坑的雨水量计算确定,雨水设计重现期不宜小于 10～50 年。

(3)地下汽车库平时要考虑地面冲洗排水,车库应按停车层设置地面排水系统,地下车库有多层停车时上层地面冲洗排水可用地漏收集排入下层集水井。最底层地面冲洗水可用明沟收集,埋设浅的易清扫,并应设集水井和提升泵。冲洗排水量可按《建筑给水排水设计标准》(GB 50015—2019)中的表 3.2.7 确定。地面冲洗排水宜排入小区雨水系统,也可按当地政府主管部门要求设置隔油、沉淀设施后排入小区污水管道系统。

(4)车库内若设有洗车站时应单独设集水井和污水泵,考虑到洗车水中含有洗涤剂,其排水水质与洗衣机排水相仿,洗车水应排入小区生活污水系统。

(5)集水坑设计有效容积还要考虑消防排水,地下车库如设水灭火系统时,地面排水系统应按防火分区分隔,设计中应避免排水沟跨越防火分区。

(6)设计时应注意排水泵启停水位,以此确定集水坑的设计深度是否满足有效容积的要求。

17. 建筑物天井、内庭院、下沉式广场等处雨水排水集水坑有效容积设计不合理,排水泵选型未经过计算,造成地面积水不能及时排出

解析:建筑物天井、内庭院、下沉式广场雨水排水在满足市政雨水管道标高的情况下应优先考虑重力排水,雨水管道的管径及数量应根据雨水设计重现期、汇水面积等经过计算确定,天井、内庭院面积较小时仍要设置不少于 2 根排水管。

与建筑连通的下沉式广场地面无法重力排水时,应设置雨水集水池和排水泵提升水位排至室外雨水检查井。雨水集水池和排水泵设计应符合下列规定:

(1)排水泵的流量应按排入集水池的设计雨水量确定,下沉式广场的雨水设计重现期可参照《室外排水设计标准》(GB 50014—2021)第 4.1.3 条规定执行。

(2)排水泵不应少于 2 台,不宜大于 8 台,紧急情况下可同时使用。

（3）设计时应与电气专业配合，为雨水排水泵提供不间断的动力供应。

（4）下沉式广场地面排水集水池的有效容积，不应小于最大一台排水泵30 s的出水量，并应满足水泵安装和吸水要求。下沉式广场汇水面积大小不一、重要程度不同、设计重现期的要求不同，计算排水量会不同。当下沉式广场汇水面积大、设计重现期高、排水量大时，集水池的有效容积计算时宜取最大一台排水泵出水量的小值；当下沉式广场汇水面积小、设计重现期低、排水量小时，集水池的有效容积计算，可取最大一台排水泵出水量的大值；当下沉式广场与地铁、建筑物的出入口相连接时，集水池有效容积宜按最大一台排水泵5 min 的出水量计算，并可配置一台小泵，用于小水量时排水。

（5）集水池除满足有效容积外，还应满足水泵设置、水位控制器等安装、检查要求。

18. 建筑物和小区等雨水设计重现期选择偏小，造成设计雨水流量偏小，雨水排水设施设计不合理

解析：建筑物和小区等雨水设计重现期的选择应遵循下列要求：

（1）屋面雨水排水管道工程设计重现期应根据建筑物的重要程度、气象特征等因素确定，各种屋面雨水排水管道工程的设计重现期不宜小于表5-7中的规定值。

表5-7 设计重现期

建筑物性质	设计重现期(a)
一般性建筑屋面	5
重要公共建筑屋面	≥10

对于一般性建筑物屋面、重要公共建筑屋面的划分，可参考建筑防火相关规范的内容。除重要公共建筑以外，可视为一般性建筑。

《建筑设计防火规范（2018 年版）》（GB 50016—2014）所指重要公共建筑为发生火灾可能造成重大人员伤亡、财产损失和严重社会影响的公共建筑，一般包括：党政机关办公楼，人员密集的大型公共建筑或集会场所，较大规模的中小学校教学楼、宿舍楼，重要的通信、调度和指挥建筑，广播电视建筑，医院等以及城市集中供水设施、主要的电力设施等涉及城市或区域生命线的支持性建筑或工程。

（2）工业厂房屋面雨水排水管道工程设计重现期应根据生产工艺、重要程度等因素确定。

(3)建筑的雨水排水管道工程与溢流设施的排水能力应根据建筑物的重要程度、屋面特征等按下列规定确定：一般建筑的总排水能力不应小于10a重现期的雨水量；重要公共建筑、高层建筑的总排水能力不应小于50a重现期的雨水量；当屋面无外檐天沟或无直接散水条件且采用溢流管道系统时，总排水能力不应小于100a重现期的雨水量；满管压力流排水系统雨水排水管道工程的设计重现期宜采用10a；工业厂房屋面雨水排水管道工程与溢流设施的总排水能力设计重现期应根据生产工艺、重要程度等因素确定。

(4)小区雨水排水管道的排水设计重现期应根据汇水区域性质、地形特点、气象特征等因素确定，各种汇水区域的设计重现期不宜小于表5-8中的规定值。

表5-8　汇水区域的设计重现期

汇水区域名称	设计重现期(a)
小区	3~5
车站、码头、机场的基地	5~10
下沉式广场、地下车库坡道入口	10~50

按上表选取重现期时，可遵循下列原则：大城市的小区或重要基地取上限值，城市中心城区的小区或重要基地取上限值；下沉式广场设计重现期应由广场的构造、重要程度、短期积水即能引起较严重后果等因素确定。

第六章 消防系统

1. 建筑公共部位室内消火栓设置位置错误

解析:消火栓箱设置于楼梯平台或休息平台处,影响楼梯疏散半径;消火栓箱明装于公共走廊时,造成疏散宽度不足等。此时应与建筑、结构专业沟通,调整平面方案,预留消火栓箱体的安装位置,确保室内消火栓箱的安装满足规范要求。嵌墙暗装的室内消火栓因安装后箱后墙体厚度变薄无法满足建筑防火分隔要求,此时应与建筑、结构专业设计人员协商,采取相关措施确保该处墙体满足防火分隔要求(如增厚该处墙体等)。

2. 屋顶消防水箱出水管上止回阀安装不满足要求

解析:止回阀的阀型选择,应根据止回阀的安装部位、阀前水压、关闭后的密闭性能要求和关闭时引发的水锤大小等因素确定,并应符合下列规定:

(1)阀前水压小的部位,宜选用旋启式、球式和梭式止回阀。

(2)关闭后密闭性能要求高的部位,宜选用有关闭弹簧的止回阀。

(3)要求削弱关闭水锤的部位,宜选用速闭消声止回阀或有阻尼装置的缓闭止回阀。

(4)止回阀的阀瓣或阀芯,应能在重力或弹簧力的作用下自行关闭。

(5)管网最小压力或水箱最低水位应能自动开启止回阀。

屋面消防水箱出水管上安装的止回阀多为水平安装,设计时应注意所选止回阀应符合下列要求:①消防水箱最低有效水位应能打开止回阀;②应选用适合安装在水平管道上的卧式升降式止回阀和阻尼缓闭式止回阀,不能选用立式升降式止回阀。

3. 设计消防系统的建筑未按要求设置水泵接合器

解析:根据《消防给水及消火栓系统技术规范》(GB 50974—2014)规定,第5.4.1 条下列场所的室内消火栓系统应设置消防水泵接合器:①高层民用建筑;②设有消防给水的住宅、超过 5 层的其他多层民用建筑;③超过 2 层或建筑面积大于 10 000 m² 的地下或半地下建筑(室)、室内消火栓设计流量大于

10 L/s平战结合的人防工程;④高层工业建筑和超过 4 层的多层工业建筑;⑤城市交通隧道。

第5.4.2条规定:自动喷水灭火系统、水喷雾灭火系统、泡沫灭火系统和国定消防炮灭火系统等水灭火系统,均应设置消防水泵接合器。

第5.4.6条规定:消防给水为竖向分区供水时,在消防车供水压力范围内的分区,应分别设置水泵接合器;当建筑高度超过消防车供水高度时,消防给水应在设备层等方便操作的地点设置手抬泵或移动泵接力供水的吸水和加压接口。

第5.4.7条规定:水泵接合器应设在室外便于消防车使用的地点,且距室外消火栓或消防水池的距离不宜小于 15 m,并不宜大于 40 m。

消防设计时应注意按照消防系统的类型、建筑的类型、高层建筑消防系统的分区设置水泵接合器,同时应注意室外消火栓或消防水池与所设水泵接合器的布置距离。

4. 试验用消火栓设置不满足要求

解析:根据《消防给水及消火栓系统技术规范》(GB 50974—2014)中第7.4.9条规定,设有室内消火栓的建筑应设置带有压力表的试验消火栓。其设置位置应符合下列规定:①多层和高层建筑应在其屋顶设置,严寒、寒冷等冬季结冰地区可设置在顶层出口处或水箱间内等便于操作和防冻的位置;②单层建筑宜设置在水力最不利处,且应靠近出、入口。

根据上述要求,试验用消火栓一般设于上人屋面,如遇寒冷地区且为露天设置,试验消火栓和管道须加设保温措施;若建筑为坡屋面或非上人屋面,一般设计选取水力最不利点处,室内消火栓兼做试验用消火栓,须要求该消火栓按照试验用消火栓配置;若建筑为单层(大面积单层厂房等)且为非上人屋面同样可选取水力最不利处室内消火栓为试验用消火栓。

对于坡屋面建筑一般将试验消火栓设于最高楼层,应注意将试验栓设在有卫生间污水盆或洗涤盆附近以方便试验栓排水。

5. 消防电梯前室漏设消火栓

解析:根据《消防给水及消火栓系统技术规范》(GB 50974－2014)中第7.4.5条规定,消防电梯前室应设置室内消火栓,并应计入消火栓使用数量。

6. 建筑灭火器设置不满足要求

解析:建筑灭火器设计中的常见错误:灭火器保护距离过长,不满足规范要求;设置场所危险等级和火灾类型选取不当;灭火器选型、用量选择不当;灭火器布置位置不当,不方便取用等。

建筑灭火器原则上应由给排水专业设计,设计说明中应明确设置场所的火灾类型、危险等级、灭火器型号及用量,图纸中应明确标注灭火器布置位置,灭火器保护间距、选型及用量等应按照《建筑灭火器配置设计规范》(GB 50140—2005)要求设计,灭火器应尽量布置在建筑内公共部位等方便取用的位置。

依据《电动汽车分散充电设施工程技术标准》(GB/T 51313—2018)第6.1.7条文说明:电动汽车充电过程火灾风险较大,应按严重危险级设计灭火器,建议使用干粉灭火器。根据行业发展特点,充电桩车位将逐渐取代普通车位,在设计中应注意区分充电桩车位与普通车位在建筑灭火器设计上的区别,应在平面图中标注充电桩车位并按 A 类、E 类火灾严重危险级设计建筑灭火器。

7. 消防软管卷盘或轻便消防水龙的设置不满足要求

解析:应设消防软管卷盘的场所:①人员密集的公共建筑、建筑高度大于100 m 的建筑和建筑面积大于 200 m² 的商业服务网点内应设置消防软管卷盘或轻便消防水龙;②高层住宅建筑的户内宜配置轻便消防水龙;③老年人照料设施内应设置与室内供水系统直接连接的消防软管卷盘,消防软管卷盘的设置间距不应大于 30.0 m。宜设置消防软管卷盘或轻便水龙的场所:①耐火等级为一级、二级且可燃物较少的单(多)层丁、戊类厂房(仓库);②耐火等级为三、四级且建筑体积不大于 3 000 m³ 的丁类厂房,耐火等级为三级、四级且建筑体积不大于 5 000 m³ 的戊类厂房(仓库);③粮食仓库、金库,远离城镇且无人值班的独立建筑;④存有与水接触能引起燃烧、爆炸的物品的建筑;⑤室内无生产、生活给水管道,室外消防用水取自储水池且建筑体积不大于 5 000 m³ 的其他建筑。

对于建筑面积较大的丁、戊类厂房(仓库)宜与项目所在地消防部门沟通协商后确定是否设置室内消防软管卷盘或轻便消防水龙。

8. 消防水池容积大于 500 m³ 未分格

解析:根据《消防给水及消火栓系统技术规范》(GB 50974—2014)中第4.3.6条规定:消防水池的总蓄水有效容积大于 500 m³ 时,宜设两格能独立使用的消防水池;当大于 1 000 m³ 时,应设置两座能独立使用的消防水池。

9. 地下建筑和地下汽车库在消防设计中区分错误

解析:在建筑防火设计中,建筑地下室是指建筑物地面以下用于建筑物配套设施(如车库、设备间等,还有部分用于战时人防)的那部分建筑;而地下建筑主要指新建在地表以下的供人们进行生活或其他活动的房屋或场所,是广场、绿地、道路、铁路、停车场、公园等用地下方相对独立的地下建筑;地下汽车库是指建于地下,地下室内地坪面与室外地坪面的高度差大于该层车库净高1/2的汽车库。

建筑地下室消防设计应结合地下室与地面建筑体积和总高度,按不同功能根据《消防给水及消火栓系统技术规范》(GB 50974—2014)中表3.5.2中流量,选取最大值作为消防水量;地下建筑消防设计应按上表中的地下建筑选取消防水量,若该建筑同时为人防工程则应按表中的人防工程选取消防水量;地下汽车库消防设计应执行《汽车库、修车库、停车场设计防火规范》(GB 50067—2014)中的设计参数,但系统设计应执行《消防给水及消火栓系统技术规范》(GB 50974—2014)的相关规定;当地下室不仅有汽车库、有为地上建筑直接服务的设备机房外,还有如地下商业等其他功能时,应按《消防给水及消火栓系统技术规范》(GB 50974—2014)的地下建筑确定地下室消防水量。

10. 消防水泵出水干管上的压力开关和高位消防水箱出水管上的流量开关设置不满足要求

解析:《消防给水及消火栓系统技术规范》(GB 50974—2014)中第11.0.4条:消防水泵应由消防水泵出水干管上设置的压力开关、高位消防水箱出水管上的流量开关或报警阀压力开关等开关信号应能直接自动启动消防水泵。消防水泵房内的压力开关宜引入消防水泵控制柜内。根据此条规范规定,消防水泵出水干管上的压力开关和高位水箱出水管上的流量开关应同时设置,且应符合下列规定:①消火栓系统中无稳压泵时,由高位水箱出水管上设置的流量开关自动启动消防水泵;②消火栓系统中有稳压泵时,由消防水泵出水管上设置的压力开关自动启动消防水泵;③流量开关性能基本要求:a. 动作后延迟30 s再启泵;b. 流量不超过系统的设计泄露补水量时,不应动作;c. 消火栓出水后应动作;④自动喷水系统报警阀的压力开关可取代压力开关和流量开关启泵;⑤有稳压泵的消防系统中流量开关输出报警信号,不直接启泵。《消防给水及消火栓系统技术规范》(GB 50974—2014)第十一章"控制与操作"内容基本上是由电气专业来完成的,给排水专业设计人员应明确领悟该章节要求并应向电气专业准确提供资料。

11. 水泵房消声、隔振措施设计错误

解析:《消防给水及消火栓系统技术规范》(GB 50974—2014)第5.5.10条:

消防水泵不宜设在有防振或有安静要求房间的上一层、下一层和毗邻位置,当必须时,应采取下列降噪减振措施:

(1)消防水泵应采用低噪声水泵。

(2)消防水泵机组应设隔振装置。

(3)消防水泵吸水管和出水管上应设隔振装置。

(4)消防水泵房内管道支架和管道穿墙和穿楼板处,应采取防止固体传声的措施。

(5)在消防水泵房内墙应采取隔声吸音的技术措施。

主要措施:采用低噪声水泵;水泵机组设置隔振基础;水泵机组加装隔声罩;为保证水泵机组正常运行时所需的进排风量同时为防止噪声外泄需在进排风口各加装一台消声器;为了进一步降低机房内的噪声,隔声罩内壁、顶面都安装了吸音层;同时考虑到水泵机组运行时的噪声频率相对较宽,必要的情况下还可以在机房内壁上安装尖劈吸声体,从而大大降低了隔声罩内的噪声,也降低了机房内的噪声排放量;为防止管道传声,管道与管道连接处加装橡胶接头,架空管道加装减振吊架,管道穿过楼层间屋顶和墙体时需加 GD 隔振垫并密封好;可要求建筑专业采取措施,如在墙面、顶棚加设多孔吸音板和双层门窗等。

12. 消防水泵房设备布置间距不满足要求

解析:按照《消防给水及消火栓系统技术规范》(GB 50974—2014)中第 5.5.2 条执行。

(1)相邻两个机组及机组至墙壁间的净距,当电机容量小于 22 kW 时,不宜小于 0.60 m;当电动机容量不小于 22 kW 且不大于 55 kW 时,不宜小于 0.8 m;当电动机容量大于 55 kW 且小于 255 kW 时,不宜小于 1.2 m;当电动机容量大于 255 kW 时,不宜小于 1.5 m。

(2)当消防水泵就地检修时,应至少在每个机组一侧设消防水泵机组宽度加 0.5 m 的通道,并应保证消防水泵轴和电动机转子在检修时能拆卸。

(3)消防水泵房的主要通道宽度不应小于 1.2 m。

水泵机组的基础必须安全稳固,尺寸、标高准确,尺寸应按所选水泵的相关技术资料确定,基础一般采用 C20 混凝土浇成,基础浇捣后必须养护达到强度后才能进行安装。基础与水池的间距应能满足泵房工艺布置方案的管道与相关配件(阀门、过滤器、橡胶接头等)的安装尺寸要求;基础与配电柜的间距应保证方便开启配电柜并进行相关操作。

13. 自动喷淋系统公共厨房喷头设计错误

解析:按照《自动喷水灭火系统设计规范》(GB 50084—2017)第6.1.2条规定,闭式系统的洒水喷头,其公称动作温度宜高于环境最高温度30℃。公共厨房操作间等环境温度较高宜采用79℃或93℃洒水喷头,一般常用93℃喷头。

14. 部分场所未按要求设置快速响应洒水喷头

解析:按照《自动喷水灭火系统设计规范》(以下简称《规范》)(GB 50084—2017)第6.1.7条规定,下列场所宜采用快速响应喷头:①公共娱乐场所、中庭环廊;②医院、疗养院的病房及治疗区域,老年、少儿、残疾人的集体活动场所;③超出水泵接合器供水高度的楼层;④地下商业场所。

快速响应喷头反应速度是目前喷头中最快的,大流量、大水滴、高速率的喷水可以穿透火焰,直接到达燃烧物表面灭火。快速响应喷头在相同的环境条件下,比普通喷头更快地打开进行灭火。

快速响应喷头的优势在于:热敏性能明显高于标准响应喷头,可在火场中提前动作,在初期小火阶段开始喷水,使灭火的难度降低,可以做到灭火迅速、灭火用水量少,可最大限度地减少人员伤亡和火灾烧损与水渍污染造成的经济损失。为此,《规范》提出了在上述场所中推荐采用快速响应喷头的规定。

《规范》第12.0.2规定:局部应用系统应采用快速响应洒水喷头,喷水强度应符合《规范》第5.0.1条规定,持续洒水时间不应低于0.5 h。此条为强条。

设置快速响应喷头的场所最大净空高度应满足《规范》中表6.1.1"洒水喷头类型和场所净空高度"中的要求。

15. 报警阀组供水高度不满足要求

解析:按照《自动喷水灭火系统设计规范》(GB 50084—2017)第6.2.4条规定:每个报警阀组供水的最高与最低位置洒水喷头,其高程差不宜大于50 m,此条规定的目的是控制高、低位置喷头之间的工作压力,防止其压差过大,当满足最不利点处喷头的工作压力时,同一报警阀组向较低有利位置的喷头供水时,系统流量将因喷头的工作压力上升而增大,限制同一报警阀组供水的高、低位置喷头之间的位差,是均衡流量的措施。

16. 末端试水装置和试水阀的设置错误

解析:按照《自动喷水灭火系统设计规范》(GB 50084—2017)第6.5.1条规定:每个报警阀组控制的最不利点洒水喷头处应设末端试水装置,其他防火分区、楼层均应设直径为25 mm的试水阀。

末端试水装置和试水阀应便于操作,且应有足够排水能力的排水设施。末端试水装置应由试水阀、压力表以及试水接头组成。试水接头出水口的流量系数,应等同于同楼层或防火分区内的最小流量系数喷头。末端试水装置的出水,应采取孔口出流的方式排入排水管道,排水立管宜设伸顶通气管,且管径不应小于75 mm。

末端试水装置是设置报警阀控制的最不利防火分区的末端,而试水阀是设置在该报警阀的其他防火分区的末端的。

有些建筑的最不利点喷头处,离卫生间或其他用水房间较远,确实没有排水条件。此种情况下,可将末端试水装置和试水阀的排水管通过吊顶内或建筑顶板下引至就近的污水池、排水泵坑处,也可为末端试水装置和试水阀专门设一根排水立管及相应的污水池。末端试水装置试水阀距地面高度宜为1.5 m,并应采取不被他用的措施,其排水管应一律引至就近的集水坑等处,做法参见《自动喷水灭火设施安装》(20S206—65)。许多设计因没有注明此阀门距地高度,有的施工单位将试水阀和压力表都安装在吊顶内,而建筑吊顶上又没有留操作检查口,以致根本就无法进行检查,更谈不上便于操作。

17. 不同防火分区和不同楼层未分设水流指示器

解析:按照《自动喷水灭火系统设计规范》(GB 50084—2017)第6.3.1条规定:除报警阀组控制的洒水喷头只保护不超过防火分区面积的同层场所外,每个防火分区、每个楼层均应设水流指示器。水流指示器的功能是及时报告发生火灾的部位。实际设计时,同一个防火分区的不同楼层(如有中庭的跨楼层的防火分区)应按楼层分别设置水流指示器。

18. 消防水池、消防水箱的水质保证措施不完善

解析:消防水池、消防水箱的水质保证措施主要归纳为以下几点:

消防水池(箱)的通气管、呼吸管、溢流管等设置,应符合《消防给水及消火栓系统技术规范》(GB 50974—2014)第4.3.9.3条:消防水池应设置溢流水管和排水设施,并应采用间接排水;第4.3.10.1条:消防水池应设置通气管;第4.3.10.2条:消防水池通气管、呼吸管和溢流管应采取防止虫鼠等进入消防水池的技术措施。

消防水池(箱)的溢流、泄水排水不得与排水构筑物或排水管道相连接,应采用间接排水,满足间接排水口与排水设施的最小空气间隙。

通气管、呼吸管、溢流管及人孔等应采取防虫鼠等进入的技术措施,人孔盖与盖座要吻合和紧密,并用富有弹性的无毒发泡材料嵌在接缝处。

需要注意通气管、呼吸管的选用型号,应根据消防水池最大进水量或出水量求得最大通气量,按通气量确定通气管道的直径和数量(当两路补水时,按两路补水管补水量之和计算最大进水量),即进水容量等于排除气体的体积空间。通气管内空气流速可采用 5 m/s,一般消防水池设高差在 300~500 mm 的通气空间,保证水池内有一定的气压值,以利于池内空气的流通,防止消防水池水质腐坏。

进出消防水池的金属管道管内外和管口端应采用涂塑钢管及配套管件。管道穿越池壁时应设防水套管,其密封圈、密封膏、防护涂料等应无毒,符合《生活饮用水输配水设备及防护材料的安全性评价标准》(GB/T 17219—1998)的规定。

混凝土结构的水池(箱)设计抗渗等级为 S6,水池土建完成后,选用符合有关标准的卫生级防腐涂料作为内衬处理,水池(箱)内所有铁件宜选用食品级不锈钢制品,或使用符合有关标准的无毒防腐涂料做防腐处理。

消防水池宜按 6 个月周期进行 1 次清洗。

19. 消防水泵吸水管设计不满足要求

解析:《消防给水及消火栓系统技术规范》(GB 50974—2014)第 5.1.13.2 条规定:消防水泵吸水管布置应避免形成气囊。

实际设计时,不同系统的消防水泵使用吸水母管时,由于吸水母管管径大于单台消防泵的吸水管,设计无交代时,会有现场做成吸水母管和单泵吸水管的管中心同标高的情况,此时吸水母管管顶高出水泵进水口管顶,会形成气囊。

故设计说明中应交代清楚,吸水母管与单泵吸水管应管顶平接以避免形成气囊,可参照《消防给水及消火栓系统技术规范》(15S909—37)的做法实施,同时单泵吸水管与水泵进水口之间的连接应采用偏心异径管,以保证水泵进水口顶高于吸水管顶。

消防水泵设置单独吸水管时,吸水管上应设置吸水喇叭口(或旋流防止器)、过滤器、压力表、阀门、偏心异径管、橡胶软接头等,阀门可设计明杆闸阀或带自锁装置的蝶阀,但当设置暗杆阀门时应设有开启刻度和标志;当管径超过 DN300 时,宜设置电动阀门;当成组消防水泵共用吸水母管时,吸水母管伸入水池的引水管不宜少于两条,每条上均应设置检修阀门和相应的分段阀门。

消防水泵吸水管的直径小于 DN250 时,其流速宜为 1.0~1.2 m/s;直径大于 DN250 时,宜为 1.2~1.6 m/s。

20.防火卷帘上方的穿越管线未采取保护措施

解析:给排水管线应避免穿越防火卷帘设置处,可局部绕行至无防火卷帘处穿墙设置;若无法避免时,应将管线设置于防火卷帘盒上与梁下间的位置,并做不低于此处耐火极限的防火封堵措施。

21.室内消火栓系统、自动喷水灭火系统的静压分区错误

解析:依据《消防给水及消火栓系统技术规范》(GB 50974—2014)第6.2.1条,符合下列条件时,消防给水系统应分区供水:

(1)系统工作压力大于2.40 MPa。

(2)消火栓栓口处静压大于1.0 MPa。

(3)自动水灭火系统报警阀处的工作压力大于1.60 MPa或喷头处的工作压力大于1.20 MPa。

消火栓栓口处的静压应按如下原则确定:①当设计的高位消防水箱无稳压系统时,消火栓栓口处的静压应为消防水箱最高有效水位与室内消火栓系统最低处的消火栓栓口的高差;②当设计的稳压系统且稳压泵设于屋面时,消火栓栓口处的静压应为稳压系统出水管与消火栓系统最低处的消火栓栓口的高程差加稳压泵停泵水压;③当设计的稳压系统且稳压泵设于地下消防泵房时,消火栓栓口处的静压应为稳压泵停泵水压。

消防系统的工作压力依据《消防给水及消火栓系统技术规范》(GB 50974—2014)第8.2.3条确定:

(1)高位消防水池、水塔供水的高压消防给水系统的系统工作压力,应为高位消防水池、水塔最大静压。

(2)市政给水管网直接供水的高压消防给水系统的系统工作压力,应根据市政给水管网的工作压力确定。

(3)采用高位消防水箱稳压的临时高压消防给水系统的系统工作压力,应为消防水泵零流量时的压力与水泵吸水口最大静水压力之和。

(4)采用稳压泵稳压的临时高压消防给水系统的系统工作压力,应取消防水泵零流量时的压力、消防水泵吸水口最大静压两者之和与稳压泵维持系统压力时两者其中的较大值。

22.变配电房等处未设置气体灭火系统

解析:《建筑设计防火规范(2018年版)》(GB 50016—2014)第8.3.9条第1.8款规定下列场所应设置自动灭火系统,并宜采用气体灭火系统:

(1)国家、省级或人口超过100万的城市广播电视发射塔内的微波机房、分米波机房、米波机房、变配电室和不间断电源(UPS)室。

(2)其他特殊重要设备室。

本条规范条文说明明确特殊重要设备,主要指设置在重要部位和场所中,发生火灾后将严重影响生产和生活的关键设备。如化工厂中的中央控制室和单台容量 300 MW 机组及以上容量的发电厂的电子设备间、控制室、计算机房及继电器室等。高层民用建筑内火灾危险性大,发生火灾后对生产和生活产生严重影响的配电室等,也属于特殊重要设备室。

据此规定,设于高层民用建筑内的配电室应设置气体灭火系统,地方消防部门有特殊规定的应遵照消防部门意见执行。

当设置气体灭火系统时,应有说明、管材、控制系统、平面和系统图等,以方便预算和施工。

23. 减压孔板的设置不满足要求

解析:自动喷淋系统配水管道的布置,应使配水管入口的压力均衡。轻危险级、中危险级场所中各配水管入口的压力均不宜大于 0.40 MPa。当管道超压时应采取减压措施,减压孔板属于减压设施,其设计应符合下列规定:

(1)应设在直径不小于 50 mm 的水平直管段上,前后管段的长度均不宜小于该管段直径的 5 倍。

(2)孔口直径不应小于设置管段直径的 30%,且不应小于 20 mm。

(3)应采用不锈钢板材制作。

消火栓减压孔板安装和计算见《室内消火栓安装》图集(15S202—59、60)。喷淋减压孔板水头损失按《自动喷水灭火系统设计规范》(GB 50084—2017)第9.3.3 条规定。

24. 地下室消防水池最低有效水位设置错误

解析:消防水池池底不应低于水泵房地面,对于卧式消防水泵,消防水池满足自灌式启泵的最低水位应高于泵壳顶部放气孔,对于立式消防水泵,消防水池满足自灌式启泵的最低水位应高于水泵出水管中心线。

25. 消防系统稳压泵选型错误

解析:根据《消防给水及消火栓系统技术规范》(GB 50974—2014)第 5.3.2条,稳压泵的设计流量应符合下列规定:

(1)稳压泵的设计流量不应小于消防给水系统管网的正常泄漏量和系统自动启动流量。

(2)消防给水系统管网的正常泄漏量应根据管道材质、接口形式等确定,当没有管网泄漏量数据时,稳压泵的设计流量宜按消防给水设计流量的 1%～3%计,且不宜小于 1L/s。

(3)消防给水系统所采用报警阀压力开关等自动启动流量应根据产品确定。

根据第 5.3.3 条,稳压泵的设计压力应符合下列规定:

(1)稳压泵的设计压力应满足系统自动启动和管网充满水的要求。

(2)稳压泵的设计压力应保持系统自动启泵压力设置点处的压力在准工作状态时大于系统设置自动启泵压力值,且增加值宜为 0.07～0.10 MPa。

(3)稳压泵的设计压力应保持系统最不利点处水灭火设施在准工作状态时的静水压力应大于 0.15 MPa。

其中第 5.3.3.2 和第 5.3.3.3 条明确了稳压泵扬程的确定方式,设计中常有稳压泵设计扬程偏大的问题,稳压设备设计选型可见《消防给水稳压设备选用与安装》(17S205)和《消防给水及消火栓系统技术规范》(15S909),这两本图集对消防稳压泵设计选型有明确交代和案例介绍。

26. 现行《消防给水及消火栓系统技术规范》(GB 50974—2014)对一类高层建筑水箱要求体积很大,如果屋面受限制,分别设置两个水箱时设计方式错误

解析:高位消防水箱应设置一座,如受屋面条件限制必须分设两座时,须满足如下要求:

(1)两座消防水箱有效储水容积之和应满足《消防给水及消火栓系统技术规范》对消防水箱有效储水容积的规定。

(2)两座消防水箱应布置在同一标高的屋面上(两座消防水箱的各相关水位应保持一致)。

(3)设置于同一屋面的两座消防水箱之间应设连通管,连通管管径应按消防时需供给的全部流量和流速要求确定。

(4)设置于不同屋面的两座消防水箱,除应满足上述第(1)条、第(2)条要求外,还应分别设置独立的出水稳压管与消防供水环管连接;系统稳压设备不应设置在屋面,应设置在消防泵房内。

27. 设置网格、栅板等通透性吊顶时,洒水喷头选用形式不满足要求

解析:《自动喷水灭火系统设计规范》(GB 50084—2017)第 7.1.13 条:装设网格、栅板类通透性吊顶的场所,当通透面积占吊顶总面积的比例大于 70%时,喷头应设置在吊顶上方,并应符合下列规定:

(1)通透性吊顶开口部位的净宽度不应小于 10 mm,且开口部位的厚度不应大于开口的最小宽度。

(2)喷头间距和溅水盘与吊顶上表面的距离应符合表 7.1.13 的规定。

对于通透面积满足上述规定但布置不均匀的吊顶,应在局部面积较大的不通透的吊顶(如某些较大设备)处增设喷头。

28. 部分场所漏设喷头

解析:易漏设喷头的场所有:

(1)自动扶梯底部,《建筑设计防火规范(2018 年版)》(GB 50016—2014)第 8.3.3.2 条规定,除本规范另有规定和不宜用水保护或灭火的场所外,下列高层民用建筑或场所应设置自动灭火系统,并宜采用自动喷水灭火系统:二类高层公共建筑及其地下、半地下室的公共活动用房、走道、办公室和旅馆的客房、可燃物品库房、自动扶梯底部。所以,自动扶梯底部应设喷头。

(2)公共建筑的卫生间,老版《建筑设计消防规范》对建筑卫生间是否设置喷头有明确规定,而新版《建筑设计防火规范(2018 年版)》(GB 50016—2014)第 8.3.3 条、第 8.3.4 条规定中均未出现卫生间设置喷头的具体要求,所以按规范要求应设自动喷淋的建筑卫生间均应设喷头。

(3)宽度大于 1.2 m 的风管等障碍物下部,根据《自动喷水灭火系统设计规范》(GB 50084—2017)第 7.2.3 条规定,当梁、通风管道、成排布置的管道、桥架等障碍物的宽度大于 1.2 m 时,其下方应增设喷头;采用早期抑制快速响应喷头和特殊应用喷头的场所,当障碍物宽度大于 0.6 m 时,其下方应增设喷头。老版规范规定增设喷头上方有缝隙时应设集热罩,而新规范取消了该要求,设计时应注意区分。

(4)排烟风机与排风风机的合用机房,《建筑防烟排烟系统技术规范》(GB 51251—2017)第 4.4.5 条,排烟风机与排风风机的合用机房应符合下列规定,其第一款:机房内应设置自动喷水灭火系统。

(5)《人民防空工程设计防火规范》第 7.2.3.6 条规定,下列人防工程和部位应设置自动喷水灭火系统:燃油或燃气锅炉房和装机总容量大于 300 kW 柴油发电机房。

29. 商业服务网点室内消火栓设置不满足要求

解析:商业服务网点是指设置在住宅建筑的首层或首层及二层,每个分隔单元建筑面积不大于 300 m² 的商店、邮政所、储蓄所、理发店等小型营业性用房。《消防给水及消火栓系统技术规范》(GB 50974—2014)第 7.4.6 条:室内消火栓的布置应满足同一平面有两支消防水枪的两股充实水柱同时达到任何部位的要求,但建筑高度小于或等于24.0m且体积小于或等于5 000 m³的多层仓库、建筑高度小于或等于54m且每单元设置一部疏散楼梯的住宅,以及本规范表3.5.2中规定可采用1支消防水枪的场所,可采用1支消防水枪的1股充实水柱到达室内任何部位。单间商铺分上、下层的情况,须满足室内消火栓两股充实水柱同时到达任何部位的要求。底层相邻商铺只要满足布置距离和充实水柱要求应可以相互借用,上、下层是否可以各设置一处消火栓并共用需征求当地消防部门的意见。

30. 对于钢结构屋面的厂房、仓库设计自动喷水灭火系统时,未考虑充水管道重量对屋面结构的影响

解析:自动喷淋系统设计危险等级较高的钢结构厂房、车库喷淋管道因系统设计水量较大需布置的管道管径较大,系统在满水状态下自重较大,给排水专业设计人员应及时向结构专业提供资料并应由结构专业提供管道安装条件,必要时结构专业需设计设备吊装层。

31. 消防水泵房内的架空管道往往布置在电气设备上方且无保护措施

解析:《消防给水及消火栓系统技术规范》(GB 50974—2014)第5.5.5条,消防水泵房内的架空水管道,不应阻碍通道和跨越电气设备,当必须跨越时,应采取保证通道畅通和保护电气设备的措施。给排水管道设计时应了解电气专业设备的布置位置,走管应尽量避开电气设备,应尽量与电气设备平行并保持距离布置,或布置在电气设备下方,当布置在电气设备下方时须确保水电设备安装和维修空间,若无法避让需布置在电气设备上方时须与电气专业协商选择防水电缆或防水电气设备。

32. 消防水箱设置高度不满足要求

解析:依据《消防给水及消火栓系统技术规范》(GB 50974—2014)第6.1.9条,室内采用临时高压消防给水系统时,高位消防水箱的设置应符合下列规定:

(1)高层民用建筑、总建筑面积大于10 000 m²且层数超过2层的公共建筑和其他重要建筑,必须设置高位消防水箱。

(2)其他建筑应设置高位消防水箱,但当设置高位消防水箱确有困难且采用安全可靠的消防给水形式时,可不设高位消防水箱,但应设稳压泵。

(3)当市政供水管网的供水能力在满足生产和生活最大小时用水量后,仍能满足初期火灾所需的消防流量和压力时,市政直接供水可替代高位消防水箱。

依据《消防给水及消火栓系统技术规范》(GB 50974—2014)第 5.2.2 条：高位消防水箱的设置位置应高于其所服务的水灭火设施,且最低有效水位应满足灭火设施最不利点处的静水压力,并应按下列规范确定：

1)一类高层公共建筑,不应低于 0.10 MPa,但当建筑高度超过 100 m 时,不应低于 0.15 MPa。

2)高层住宅、二类高层公共建筑和多层公共建筑,不应低于 0.07 MPa,多层住宅不宜低于 0.07 MPa。

3)工业建筑不应低于 0.10 MPa,当建筑体积小于 20 000 m³ 时,不宜低于 0.07 MPa。

4)自动喷水灭火系统等自动水灭火系统应根据喷头灭火需求压力确定,但最小不应小于 0.10 MPa。

5)当高位消防水箱不能满足《消防给水及消火栓系统技术规范》第 5.2.2 条第一款至第四款的静压要求时,应设稳压泵。

依据《自动喷水灭火系统设计规范》(GB 50084—2017)第 10.3.3 条：采用临时高压给水系统的自动喷水灭火系统,当按现行国家标准《消防给水及消火栓系统技术规范》(GB 50974—2014)的规定可不设置高位消防水箱时,系统应设气压供水设备。气压供水设备的有效容积,应按系统最不利处 4 只喷头在最低工作压力下的 5 min 用水量确定。干式系统、预作用系统设置的气压供水设备应同时满足配水管道的充水要求。

33. 地下室布置喷头时未参照结构梁的形式来布置

解析:根据《自动喷水灭火系统设计规范》(GB 50084—2017)第 7.1.6 条规定：

除吊顶型喷头及吊顶下设置的洒水喷头外,直立型、下垂型标准覆盖面积洒水喷头和扩大覆盖面积喷头溅水盘与顶板的距离应为 75～150 mm,并应符合下列规定：

(1)当在梁或其他障碍物底面下方的平面上布置洒水喷头时,溅水盘与顶板的距离不应大于 300 mm,同时溅水盘与梁等障碍物底面的垂直距离应为 25～100 mm。

(2)在梁间布置喷头时,洒水喷头与梁的距离应符合本规范第 7.2.1 条规定。确有困难时,溅水盘与顶板距离不应大于 550 mm,梁间布置的洒水喷头、溅水盘与顶板距离 550 mm 仍不能符合本规范第 7.2.1 条规定时,应在梁底面的下方增设洒水。

（3）密肋梁板下方的喷头、溅水盘与密肋梁板底面的垂直距离应为25～100 mm。

（4）无吊顶的梁间洒水喷头布置可采用不等距方式，但喷水强度仍应符合本规范表5.0.1、表5.0.2和表5.0.4－1至表5.0.4－5的要求。

通过比对新、老版本规范的表7.2.1和新版规范第7.1.4条对正方形洒水喷头布置的间距规定，在新版规范规定下当地下车库柱距为8.4 m×8.4 m且次梁为十字梁布置时，一跨内布置4只直立型扩大覆盖面积洒水喷头即可满足要求，而在老版规范里因无法满足要求需设置16只喷头。新版规范的要求对系统设计减少许多造价，但须注意采用规范表7.1.4规定的间距布置喷头时应采用扩大覆盖面积的洒水喷头，一只喷头的最大保护面积应满足表中的要求。

34. 照料老年人设施消防设计不满足要求

解析：老年人照料设施是指为老年人提供集中照料服务的设施，是老年人全日照料设施和老年人日间照料设施的通称，属公共建筑，《建筑设计防火规范(2018年版)》(GB 50016—2014)第8.2.1条：下列建筑或场所应设置室内消火栓系统，其中第三点：体积大于5 000 m³的车站、码头、机场的候车(船、机)建筑、展览建筑、商店建筑、旅馆建筑、医疗建筑、老年人照料设施和图书馆建筑等单层、多层建筑。第8.3.4条：除本规范另有规定和不适合用水保护或灭火的场所外，下列单层、多层民用建筑或场所应设置自动灭火系统，并宜采用自动喷水灭火系统：其中第五点：大中型幼儿园、照料老年人设施。

本次规范修订取消了对老年人照料设施是否需设置消防系统的面积要求，表明对老年人群体的重视，随着现今社会老龄化日趋严重，老年人照料设施将越来越多，且大多为旧房改造，设计中发现一般老年公寓都会按规范设计消防设施，但老年人活动场所(包括娱乐、休闲等)往往漏做消防设计，老年人活动场所应属于老年人照料设施，其人员密集程度和火灾危险等级应不低于老年公寓，所以应严格设计消防设施。

35. 多功能建筑消防设计不满足要求

解析：老版规范对多功能建筑有明确称谓，两种或两种以上功能的建筑称为综合楼，住宅和商业组合的建筑称为商住楼，新修订的《建筑设计防火规范(2018年版)》(GB 50016—2014)表5.1.1民用建筑的分类中已取消了综合楼和商住楼称谓，取而代之的是住宅建筑(包括设置商业服务网点的住宅建筑)和多种功能组合的建筑，本规范第5.4.10条规定，除商业服务网点外，住宅建筑与其他使用功能的建筑合建时，应符合下列规定，其中第三点，住宅部分的非住宅部分的安全疏散、防火分区和室内消防设施配置,可根据各自的建筑高度分别按照本规范有关住宅建筑和公共建筑的规定执行;该建筑的其他防火设计应根据建筑的总高度和建筑规模按本规范有关公共建筑的规定执行。据此规定,住宅建筑和其他功能建筑合建可根据各自要求设置消防设施,建筑高度低于100m的住宅建筑可不设自动喷淋系统,而按照老版规范只要规模和体量达到要求即定义此类建筑为一类高层综合楼,消防部门严格要求住宅部分也应设自动喷淋系统,新版规范的要求明确了此类建筑的消防设计做法,减少了浪费。而此类多功能建筑的室外消火栓的设计应按建筑的全楼体积计取。

36. 消防电梯消防泵集水井和消防水泵设计不满足要求

解析:《消防给水及消火栓系统技术规范》(GB 50974—2014)第9.2.3条规定,消防电梯的井底排水设施应符合下列规定:①排水泵集水井的有效容积不应小于2.00m³;②排水泵的排水量不应小于10L/S。设计中经常发现集水井净容积设计为2.00m³,但排水泵的实际排水是无法排空集水井的,故设计中应按所选排水泵的实际排水情况选择集水井尺寸;排水泵的流量选择也应按单泵排水流量并满足规范选型,不应考虑单泵加备用泵流量叠加选型。

消防电梯集水井不应接收除消防排水外的其他排水。

第七章　供暖设计

1. 供暖设计计算中,室内空气设计参数选取有误

解析:室内设计温度取值只按一本规范选取,没有将各规范融会贯通。

如住宅建筑供暖设计中,根据《住宅设计规范》(GB 50096—2011)、《住宅建筑规范》(GB 50368—2005)普通住宅的卧室、起居室和卫生间室内温度不应低于18℃,对于采用低温热水地板辐射供暖的住宅,还需要结合《民用建筑供暖通风与空气调节设计规范》(GB 50736—2012)第3.0.5条的要求,室内设计温度的取值宜降低2℃,则采用低温热水辐射供暖的室内设计温度取值宜为16℃。

2. 供暖设计中,提供的热负荷计算书不完善

解析:(1)供暖热负荷未采用正规软件进行计算,或采用手算,或不附房间编号图。

(2)在热负荷计算中,未考虑户间传热。当户间传热量大于该房间供暖设计热负荷的50%、与相邻房间的温差大于或等于5℃时,或通过隔墙和楼板等的传热量大于该房间热负荷的10%时,应计算通过隔墙或楼板等的传热量。

(3)在确定分户热计量供暖系统的户内供暖设备容量和户内管道时,应考虑户间传热对供暖负荷的附加,但附加量不应超过50%,且不应统计在供暖系统的总热负荷内。

3. 选择供暖系统热水供、回水温度时应注意的事项

解析:一般室内热水供暖系统设计采用95℃/70℃热水。如作为散热器"标准工况"的64.5℃,就是水温95℃/70℃的平均值与室温18℃的温差。供暖系统的设计资料,也按此条件编制。

热媒设计温度应考虑热源条件和其他因素。例如:以较低温度的一次热媒换热得到的二次热媒,或对采用户式燃气热水供暖炉的水温有限制,或当采用塑料类管材时散热器供暖系统供回水温度宜采用85℃/60℃,而当采用低温热水辐射供暖系统时,供水温度一般宜采用35~45℃,不应大于60℃;供回水温差不宜大于 10℃,且不宜小于 5℃。

但是,降低散热器供暖的热媒温度,是否合理? 约以 95℃/70℃ 为比较基础,热媒平均温度每降低 10℃,散热器数量需增加 20%。当由城市热网或小区集中锅炉房供暖时,设计水温一般为 95℃/70℃,按照该设计温度,再加上建筑专业节能 65% 的墙体保温,住宅热负荷指标为 32 W/m² 左右,考虑户间传热 50%,12~15 m² 的房间只要 5 片散热器即可,对开发商来说节省了投资,而当热源实际运行工况为供回水温度只有 60℃/45℃ 时,在室外温度达到计算温度时,室内温度却达不到 18℃,导致群众投诉很多。因此,设计水温应核实当地供热部门的实际供热温度。这样虽然散热器数量增加较多,但更符合了实际运行工况,从而满足设计室内温度要求。

《民用建筑供暖通风与空气调节设计规范》(GB 50736—2012)第 5.3.1 条,散热器供暖系统宜按 75℃/50℃ 连续供暖设计。综合考虑散热器供暖系统的初投资和年运行费用,热媒温度取 75℃/50℃ 时,方案最优,其次是取 85℃/60℃。当热媒温度选取 75℃/50℃ 或 85℃/60℃ 时,应根据散热器样本给出的计算式,换算实际工况的散热量来计算散热器片数。

4. 散热器选型有误,适用场合错误

解析:(1)蒸汽供暖系统不应采用钢制散热器,可采用铸铁或铝制散热器。

(2)采用钢制散热器时,应满足产品对水质的要求,在非供暖季节,供暖系统应充水保养。这是使用钢制散热器供暖系统的基本运行条件,在设计说明中应加以注明和强调。

(3)采用铝制散热器时,应选用内防腐型,并满足产品对水质的要求。

(4)安装热量表和恒温阀的热水供暖系统,不宜采用水流通道内含有黏沙的铸铁散热器。

(5)高大空间供暖不宜单独采用对流型散热器,这是因为高大空间不仅建筑热损耗大,而且沿高度方向温度梯度大,人员活动区温度偏低,很难保持设计温度。可同时增设辐射供暖,以减少对流供暖的能耗,并营造较理想的热舒适环境。

5. 楼梯间散热器立、支管未单独设置

解析:有些工程将楼梯间散热器与相邻房间散热器共用一根立管,采用双侧连接,一侧连接楼梯间散热器,另一侧连接邻室房间散热器,但是由于楼梯间难以保证密闭性,一旦供暖发生故障,可能影响邻室的供暖效果,甚至冻裂散热器。因此,楼梯间或其他有冻结危险的场所,其散热器应由独立的立、支管供热。《民用建筑供暖通风与空气调节设计规范》(GB 50736—2012)第 5.3.5 条强条:管道有冻结危险的场所,散热器的供暖立管或支管应单独设置。

6. 集中供暖系统热力入口设计时,阀门设置不全

解析: 热力入口处的供、回水总管上应设置关断阀、平衡阀、温度计、压力表、过滤器,供、回水管道之间应设旁通阀。热力入口设有热量表时,进入流量计的回水管上设置不小于 60 目的过滤器,供水管上顺水流方向设两级过滤器,第一级粗滤,网孔直径不大于 3.0 mm,第二级为不小于 60 目的精过滤器。

7. 换热器设计选型时,总换热量没有乘以附加系数,单台换热器的设计换热量取值不符合要求

解析: (1)换热器的总换热量应在换热系统设计负荷的基础上乘以附加系数,用于空调供冷时取 1.05~1.10,用于供暖时取附加系数为 1.10~1.15,用于水源热泵时取 1.15~1.25。

(2)换热器总台数不应多于 4 台。全年使用的换热系统中,换热器台数不应少于两台;非全年使用的换热系统中,换热器的台数不宜少于两台;供暖系统的换热器,一台停止工作时,剩余换热器的设计换热量应保障供热量的要求,寒冷地区不应低于总设计换热量的 65%,严寒地区不应低于总设计换热量的 70%。

(3)对于供热来说,如果按照第(2)款选择计算的换热器单台能力大于按照第(1)款计算值的要求,表明换热器已经具备一定的余额,因此就不用再乘以附加系数。

8. 供暖共用立管未设置补偿器

解析: 目前设计的多层或高层住宅,大多采用共用立管系统,设计中一般根据系统水力平衡、散热设备、承压能力及化学管材的特性等因素对供暖系统和共用立管进行竖向分区设置,并应考虑管道热补偿问题。然而,有些设计忽略了管井内共用立管的热胀问题,未设置补偿器;有的虽然设计了补偿器,但未认真校核热胀量来确定补偿器的位置;还有的设计在补偿器上、下的位置均安装了固定支架,这样补偿器起不到补偿管道由于热胀而变形伸缩的问题,结果导致由于立管的热胀伸缩拉裂了支管的现象发生。

采用套筒补偿器或波纹管补偿器时,需设置导向支架,且当管径大于等于 DN50 时,还需进行固定支架的推力计算,验算支架的强度。户内长度大于 10 m 的供、回水立管与水平干管相连接时,应避免采用"T"型直接连接,而应该设置 2~3 个过渡弯头或弯管。

9. 地板辐射供暖设计直接将散热器供暖负荷作为辐射供暖负荷进行计算

解析:负荷计算时未考虑辐射供暖与散热器供暖的区别,直接将对流供暖负荷作为辐射供暖负荷进行计算。相同条件下,辐射供暖时壁面温度比对流供暖时高,减少了墙壁对人体的冷辐射,而人对室内热环境的感受常以实感温度来衡量,实感温度可比室内环境温度高 2~3℃,因此在保持相同舒适感的情况下,辐射供暖室内设计温度可比散热器供暖时低 2~3℃。另外在计算供暖热负荷时没有考虑上层地板向下的传热量,也是造成室内环境偏热的原因。

10. 膨胀水箱与供暖系统连接有误

解析:高位膨胀水箱与热水系统的连接管上不应装设阀门,这里所说的连接管是指膨胀管和循环管,膨胀管和循环管穿过非供暖房间时,应做保温,防止冻裂。此条对空调冷冻水系统也是适用的。有的空调冷冻水系统高位膨胀水箱的膨胀管接至冷冻机房集水器上安装了阀门,这是不允许的。一旦操作失误,将危及系统安全。闭式循环水系统的定压点宜设置在循环水泵的吸入侧。

11. 供暖系统设计时常出现的问题

解析:供暖系统设计存在不合理之处:

(1)供暖系统由一条主立(干)管引进,分几个环路,分环上未设阀门,给系统运行调节、维修管理造成不便。

(2)供暖管道布置不合理,未与建筑专业协调统一,甚至供暖立管直接立在窗户上,既影响使用又不美观;或者供暖水平管道敷设在通道的地面上,既影响通行,也易于损坏。

(3)供、回水干管高点漏设排气装置,一旦集气,难以排除,影响系统使用。

(4)供暖管道的敷设未设置一定的坡度,对于供回水支、干管坡度宜采用 0.003,不得小于 0.002。有的供暖系统为同程式,一个环路单程长 300 m,致使供、回水干管坡度很难达到规范规定的不小于 0.002 的要求,所以体量较大的单体建筑应分设若干个系统。

(5)有的供暖系统为双侧连接,两侧热负荷和散热器数量相差悬殊,而两侧散热器供、回水支管却取用相同管径,两侧水力不平衡,难以按设计流量进行分配。

12. 恒温控制阀类型设计有误

解析:系统为垂直或水平双管系统时,应在每组散热器的供水支管上安装高阻恒温控制阀;超过 5 层的垂直双管系统,将会有较大的垂直失调,应采用带有预设阻力功能的恒温控制阀。系统为单管跨越式应采用低阻两通恒温控制阀或三通恒温控制阀。

13. 供暖立管始末端未设置阀门

解析:供暖立管在最低点应设泄水阀,最高点应设自动排气阀。供暖水平干管的末端,最高点也应设置自动排气阀。平面图和系统图上均应标注坡度和坡向。

14. 间歇供暖系统设计未考虑附加值

解析:对于夜间基本不用的办公楼和教学楼等建筑,在夜间时允许室内温度自然降低一些,这时可按间歇供暖系统设计,这类建筑的供暖热负荷应按耗热量进行间歇附加,间歇附加值可取 20%。

对于不经常使用的体育馆、展览馆、电影院和礼堂等建筑,耗热量的间歇附加值可取 30%;间歇附加应在围护结构耗热量及其他附加耗热量之和上。

15. 锅炉房和换热机房未设置供热量控制装置

解析:《民用建筑供暖通风与空气调节设计规范》(GB 50736—2012)第8.11.14条强制性条文规定:锅炉房和换热机房应设置供热量控制装置。供热量控制装置的主要目的是对供热系统进行总体调节,使供水水温或流量等参数在保持室内温度的前提下,随室外空气温度的变化进行调整,实现按需供热,达到最佳的运行效率和最稳定的供热质量,如气候补偿器。气候补偿器的作用:气候补偿器及其控制系统可以自动控制和调节送往散热器系统的供水温度或流量,以补偿室外温度变化的影响,保证建筑物室内温度的稳定,并且通过时间控制器可以控制不同时间段的室温设定,从而达到明显的节能效果。

16. 未明确供暖系统的设计压力

解析:设计说明中没有明确供暖系统的设计压力,只写试验压力是设计压力的 1.5 倍,导致系统试压时不知如何选择试验压力。故设计说明中应写明设计压力值。

17. 热量表设置的误区

解析:分户计量的供暖系统,认为每户装了分户热计量表,楼栋入口处不用再设置热量总表。

(1)《公共建筑节能设计标准》(GB 50189—2015)要求,采用区域冷源和热源时,在每栋公共建筑的入口处应设置冷量和热量计量装置。《居住建筑节能设计标准》强制性条文要求,采用集中供暖、空调系统的居住建筑,必须在每幢建筑物或热力入口处设置热计量表。每户应设置分户热(冷)计量表和室温调控装置。总热量表的功能在于作为供热企业和终端用户之间的热费决算和建筑物内各用户分摊的决算依据。应在能明确双方热费决算的位置上安装热量总表。

（2）有的工程，热量使用单位自身就是供热企业，如热电厂的办公楼，建设方认为供暖热量为自产自供，因此不需要设置热量表，这种做法既不符合节能规范的要求，又违背了节能减排的基本国策，无论哪个规范都没有规定供热企业可以不设分户热计量装置和总热量表。

（3）热量表宜安装在回水管道上。

18. 热量表的设计选型时仅标注管径，未注明类型和额定流量

解析：（1）施工图设计图纸中应注明热量表型号、额定流量、接口公称直径，不能仅靠管径确定热量表。热量表的选用类型亦需注明。热量表由流量传感器的测量原理进行分类，常见类型有3种：机械式、超声波式和电磁式。

（2）机械式热量表选型应注意的问题：

1）机械式热量表有旋流式和螺翼式，旋流式热量表只能水平安装，螺翼式热量表可以水平安装，也可以垂直安装在立管上；

2）机械式热表易堵塞，须保证系统热介质的清洁。作为楼栋热量表时，入口前须设两级过滤，初级孔径宜取 3 mm，次级孔径宜取 0.65～0.75 mm，户用热量表前须再设一道 0.65～0.75 mm 孔径的过滤器；

3）排气措施要完善，否则会影响测量精度；

4）作为楼栋热量表时安装在回水管上，这样有利于降低仪表所处的环境温度、延长电池寿命和改善仪表使用工况。

（3）超声波式热量表设计应注意的问题：超声波式热量表适用于测量大流量的供热系统，其精度及稳定性优良，维修成本低，主要用作楼栋总热量表，也可用于分户热量表，但价格高于机械式热量表。

1）气泡对测量准确度会带来较大干扰，安装时要有良好的排气措施；

2）超声波热量表的表面无可动部件，使用寿命长，可安装在供、回水管道上。

（4）电磁式热量表设计选型应注意的问题：

1）一般用作楼栋热量表，价格高于机械式；

2）气泡对测量精度有干扰，须有排气装置；

3）与介质的电导率关系很大，铁锈水含量会引起误差。同时，对电和电磁干扰十分敏感，信号线不应采取绕圈方式缩短应远离干扰源；

4)严格保证密封垫不得突入管道内,口径缩小1mm,就会引起测量误差。

19. 住宅卫生间供暖注意事项

解析: 在热水地面辐射供暖设计时,要注意房间的分集水器尽量不要安装在卫生间,卫生间供暖尽量采用散热器形式,地面热水管尽量不要从地面下穿越卫生间,以免破坏卫生间的防水层。防水层一旦被破坏就很难修复,造成漏水。

20. 常压热水锅炉系统启闭阀的设置问题

解析: (1)为什么常压热水锅炉必须用启闭阀?因为常压热水锅炉一般设计是有开口的水箱或者常通大气的泄放管的,假如水从系统倒流回来充满锅炉后,水就会从锅炉上溢出来,会造成把锅炉房淹掉的后果,启闭阀在常压热水锅炉系统中的位置非常重要。

(2)启闭阀的安装位置通常在回水管道上,启闭阀的控制管接在水泵出口与止回阀之间。启闭阀一定要装过滤除污器做旁通,以保证阀体进水干净无杂物。启闭阀前安装阀门可调节回水流量。

(3)启闭阀的作用。当锅炉房水泵打开时,通过压力管将压力信号传到启闭阀,阀门开启,水系统循环。当水泵停止,压力降低,启闭阀缓缓关闭,防止水击,启闭阀通过循环泵停止运行瞬间闭合,切断系统回流到锅炉的水,防止系统水从膨胀箱溢出导致系统里的水回流进锅炉。

(4)供暖系统循环泵停泵时,回水启闭阀连锁关闭,回水由于惯性,回水管路压力大易产生水击,应在回水阀入口与循环水泵出口管路之间并联一根旁通管,并在旁通管上安装止回阀。旁通管一端接在循环水泵出口处,一端接在回水管路回水阀入口处,与水泵并联,系统运行时,水泵出口压力高于系统压力,止回阀关闭,停泵时,回水启闭阀关闭,回水压力增大,止回阀打开泄压。

第八章 通风设计

1. 燃油锅炉房、燃气锅炉房、制冷机房未设置事故通风系统

解析:根据《民用建筑供暖通风与空气调节设计规范》(GB 50736)第 6.3.9 条和《锅炉房设计标准》(GB 50041)第 15.3.7 条:可能突然发散大量有害气体或有爆炸危险气体的场所应设置事故通风。燃油锅炉房、燃气锅炉房、氨制冷机房、氟制冷机房均属于此类场所,应设置事故通风系统。平时及事故通风量应按下表计算确定。

(1)燃油锅炉、燃气锅炉通风要求按表 8-1 计算。

表 8-1 燃油锅炉、燃气锅炉的通风要求

位置	锅炉类型	平时通风换气次数(次/h)	事故通风换气次数(次/h)
首层	燃油锅炉	3	6
	燃气锅炉	6	12
半地下或半地下室	燃油锅炉	6	12
	燃气锅炉	6	12
地下或地下室	燃油锅炉	12	12
	燃气锅炉	12	12

(2)制冷机房通风要求按表 8-2 计算。

表 8-2 制冷机房的通风要求

制冷机房的类型	平时通风换气次数(次/h)	事故通风换气次数(次/h)
氟制冷机房	4~6	12
氨制冷机房	3	—
直燃溴化锂机房	6	12
燃油直燃溴化锂机房	3	6

其中,氨冷冻站事故通风量应按 $183\,\mathrm{m^3/(m^2 \cdot h)}$ 进行计算,且最小排风量不应小于 $34\,000\,\mathrm{m^3/h}$,事故排风机应选用防爆型。

2. 设计中,事故通风系统设置有误

解析:事故通风是保证安全生产和保障人民生命安全的一项必要的措施。在施工图设计时,往往由于一些疏忽导致该系统在紧急情况下未能及时发挥应有的作用,如因其控制装置安装位置不合理导致不能在第一时间开启事故排风系统,排风口位置设置不合理导致有害气体不能及时的排出等。所以,在设计事故通风时应注意以下要点:

(1)事故通风的手动控制装置应安装在室内外便于操作的地点,以便一旦发生紧急事故,使其立即投入运行。

(2)机械排风宜按制冷剂的种类确定事故排风口的高度。当设于地下的制冷机房其泄露气体密度大于空气时,室内排风口应上、下分别设置。氟制冷机房的事故排风口上沿距地坪的距离不应大于 $1.2\,\mathrm{m}$,氨冷冻站的排风口应位于侧墙高处或屋顶。

(3)发散物包含有爆炸危险的气体时,应采取防爆通风设备。

(4)应避免室外排风口设在动力阴影区和正压区。

(5)室外排风口不应布置在人员经常停留或经常通行的地点以及邻近窗户、天窗、室门等设施的位置。

3. 锅炉房的防爆泄爆措施设置有误

解析:锅炉房的外墙、楼地面或屋面应有相应的防爆措施,并应有相当于锅炉间占地面积 10% 的泄压面积,泄压方向不得朝向人员聚集的场所、房间和人行通道,泄压处也不得与这些地方相邻。地下锅炉房采用竖井泄爆方式时,竖井净横断面积应满足泄压面积的要求。泄压面积可利用对外墙、楼地面或屋面采取相应的防爆措施办法来解决,采用轻质屋面板、轻质墙体和易于泄压的门、窗等。

4. 变配电室的通风设计不合理,计算通风量偏小

解析:通常变配电室内布置有大量的变配电设备,变配电设备在运行时散发大量的热量,许多初学者在计算变配电室的通风量时经常仅考虑排出室内的有害物质,而未考虑其散发的大量余热,计算的排风量过小,导致变配电室内温度过高,设备运行不稳定或无法运行,甚至引起火灾。根据《民用建筑供暖通风与空气调节设计规范》(GB 50736)第 6.3.7.4 条,变配电室宜设置独立的送、排风系统;设在地下的变配电室送风气流宜从高低压配电区流向变压器区,从变压器区排至室外;排风温度不宜高于 40℃,当通风无法保障变配电室设备工作要求时,宜设置空调降温系统。

变配电室的通风量应按热平衡公式计算确定:

$$Q=(1-\eta_1)\cdot\eta_2\cdot\varphi\cdot W=(0.0126\sim0.0152)W$$

式中:Q——变压器发热量(单位为 kW)

η_1——变压器效率,一般取 0.98;

η_2——变压器负荷率,一般取 0.70～0.80;

φ——变压器功率因数,一般取 0.90～0.95;

W——变压器功率(单位为 kV·A)

消除余热全面通风换气量:

$$G=Q/c(t_p-t_0)\quad(单位为 kg/s)$$

式中:G——全面通风换气量,(单位为 kg/s)

c——空气比热[单位为 kJ/(kg℃)],一般取 1.01 kJ/(kg℃);

Q——室内余热量(单位为 kJ/s);

t_p——排出空气的温度(单位为℃);

t_0——进入空气的温度(单位为℃)。

同时,根据《气体灭火设计规范》(GB 50370)第 6.0.6 条,设置灾后清空通风系统的变电所,通风系统应设防静电接地。

5. 在进行民用建筑通风设计时,未充分考虑通风系统的降噪处理

解析:通风系统产生噪声的因素多种多样,一般由于设备运行震动产生机械式的噪声,其次就是风管内空气流动过程中与风管壁摩擦引起的风管振动产生噪声。所以在通风设计过程中应充分考虑噪声的处理,在进行通风系统设计时,通风系统的噪声应满足《城市区域环境噪声标准》(GB 3096)的要求。设计时对民用建筑通风系统应做如下的降噪处理:

(1)隔声处理措施:风机设置隔声箱,设置隔声机房。

(2)消声处理措施:风机进、出风管道均设置消声器或消声静压箱。

(3)吸声处理措施:在建筑顶部、墙面的表层贴附吸声材料。

(4)减振措施:风机与基础连接处设置减振器,风机与风管连接处采用软接管。

6. 抗震设防地区通风系统未能合理设置抗震支吊架

解析:抗震设防地区通风系统应根据抗震等级要求进行如下抗震支吊架的设置:

（1）防排烟风道、事故通风风道及相关设备应采用抗震支吊架。

（2）重力大于 1.8 kN 的空调机组、风机等设备不宜采用吊装安装。当必须采用吊装时,应避免设在人员活动和疏散通道位置的上方,但应设置抗震支吊架。

（3）矩形截面积大于等于 0.38 m² 和圆形直径大于等于 0.7 m 的风道需设置抗震支吊架,且抗震支吊架产品需通过 FM 认可(进入全球市场的证书),与混凝土、钢结构、木结构等连接须采取可靠的锚固形式。

7. 室外排风口的位置和高度设置不合理,导致排风效果不佳

解析: 在通风设计过程中由于室外排风口的位置不合理,如室外排风口设置在动力阴影区或正压区,导致通风系统在实际使用时排风量达不到设计要求。地下车库排风口宜设于下风向,并应做消声处理。排风口不应朝向临近建筑的开启外窗;当排风口与人员活动场所的距离小于 10 m 时,朝向人员活动场所的排风口底部距人员活动地坪的高度不应小于 2.5 m。

事故通风的室外排风口和进风口太近会导致由排风口排出的有害气体重新被进风口吸入,造成事故处的有害气体很难完全排出。所以排风口布置应注意以下几点:①排风口不应布置在人员经常停留或经常通行的地点以及邻近窗户、天窗、室门等设施的位置;②事故通风的室外排风口与进风口水平距离不应小于 20 m;当水平距离不足 20 m 时,排风口必须高出进风口 6 m 及以上;③当排气中含有可燃气体时,事故通风系统排风口应远离火源 30 m 以上,距可能火花溅落地点应大于 20 m;④排风口不应朝向室外动力阴影区,不宜朝向空气正压区。

8. 汽车库的人防门附近平时使用的风管位置安装不当

解析: 地库净高要求不低于 2.2 m,而一般人防门高度会大于 2.2 m,汽车库平时使用风管的安装高度仅考虑满足不低于 2.2 m 的要求,如果风管的布置与人防门距离太近,则会影响人防门的正常开启。

9. 通风设计时,对有外窗的公共卫生间未设置机械排风系统

解析: 根据《民用建筑供暖通风与空气调节设计规范》(GB 50736)第6.3.6.1条的要求,公共卫生间应设置机械排风系统。不论有无外窗的公共卫生间,都应设置机械排风,为不使公共卫生间的有害气体进入其他区域,需使卫生间内保持负压。

10. 气体灭火系统的防护区未设置通风系统

解析: 设置气体灭火的防护区需设置通风系统。火灾时根据消防控制中心的指令,在喷射气体灭火前,首先根据指令自动关闭防护区内的通风、空调风管;火灾后,进行通风换气,地下防护区和无窗或设固定窗的地上防护区应设机械通风系统;排风口宜设在防护区的下部且系统排气口应直通室外,排风机开启装置应设置在防护区外。

11. 通风系统未考虑防人、防雨、防虫鼠钻入措施

解析:为防止人员、雨水和虫鼠钻入通风系统,造成安全隐患和系统故障,通风系统进、出口处需设置防人、防雨、防虫鼠钻入设施,如采用防雨百叶风口、利用风管截面的自身造型达到挡雨效果,在出风口处设置防护、防虫网等措施。

12. 对穿越伸缩缝、沉降缝、抗震缝的通风管未做任何保护措施

解析:由于伸缩缝、沉降缝、抗震缝处两边建筑的沉降可能不均匀,当通风管不做任何措施直接穿过时,很可能由于沉降不均的纵向拉力致使此处通风管被拉变形导致接口处漏风,甚至断裂。所以通风管穿越伸缩缝、沉降缝、抗震缝处需采用柔性风管连接,以防止风管系统被破坏导致漏风,同时抗震缝两侧需各装一个柔性软接头。当通风管穿越变形缝两侧墙体时,该部位两侧风管上各设一个防火阀,有效起到隔烟、阻火作用,做法参见图8-1。

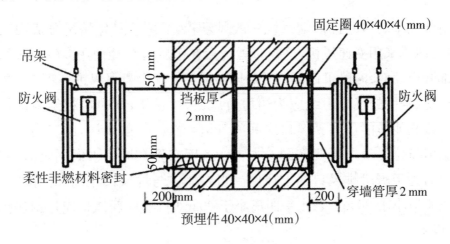

图8-1　隔烟、阻火做法

13. 通风机风量计算未充分考虑漏风量,导致风量选取偏小

解析:由于风管和设备的漏风会导致送风口和排风口处的风量达不到设计值,甚至会导致室内参数(温度、相对湿度、风速和有害物浓度等)达不到设计和卫生标准的要求。为了弥补系统漏风可能产生的不利影响,选择通风机时应根据系统的类别、风管内的工作压力、设备布置情况以及系统特点等因素附加系统的漏风量。一般送排风系统附加5%~10%,排烟兼排风系统需附加20%;但地下车库排烟风机选型应按《汽车库、修车库、停车场设计防火规范》

(GB 50067)中的表 8.2.5 直接选取。

14. 通风和空调系统风管断面选择不合理

解析: 通风和空调系统风管内空气流速宜按表 8-3 选取。

表 8-3 空气流速选取

风管分类	住宅(m/s)	公共建筑(m/s)
干管	3.5~4.5/6.0	5.0~6.5/8.0
支管	3.0/5.0	3.0~4.5/6.5
从支管上接出的风管	2.5/4.0	3.0~3.5/6.0
通风机入口	3.5/4.5	4.0/5.0
通风机出口	5.0~8.0/8.5	6.5~10.0/11.0

风管断面尺寸应根据流量和相应的流速合理选择。

15. 公共厨房通风设计不合理造成能源浪费和厨房串味至其他功能区

解析: 公共厨房平时通风需设置岗位送风系统、排油烟补风系统、排油烟系统和全面排风系统。

由于大型厨房的排油烟系统一般风量较大,可按具体情况分成两三个系统,同时风机采用变速风机,这样布置优点在于厨房炉灶使用高峰时段风机可以全部开启,其余时段可以部分开启同时采用变速风机可以进一步节省能源。

厨房、餐厅的气流组织应为厨房负压、餐厅正压,同时应杜绝厨房排风口与餐厅或其他功能房间新风口之间的气流短路。一般来说,厨房的排风口与餐厅新风口位置最好不要在同一方向。若因布置在同一方向困难时,应使餐厅新风口处于厨房排风口的上风侧。当新风口与排风口在同一高度时,其水平距离不应小于 20 m。若水平距离小于 20 m 时,餐厅新风口应比厨房排风口低 6 m 以上。

16. 多台风机并联运行时未设置止回装置

解析: 多台风机并联运行时,宜选用相同特性曲线的通风机,同时为了防止部分通风机运行时输送气体的短路回流,应在各自管道上装设止回装置(止回阀或联动风阀)。当采用止回阀时,其通过风速一般应≥8 m/s。

17. 百叶式风口的有效通风面积取值有误

解析: 当计算百叶式风口的有效通风面积时,不能把整个风口的全部面积作为通风面积,应把适当考虑百叶遮挡系数后的面积作为风口通风的有效面积。一般情况下,防雨百叶有效面积系数取 0.6,普通百叶有效面积系数取 0.8。

18. 对设置机械排风的无窗房间,未设计送风系统

解析:对于需设置机械排风的无窗房间,若没有进风口则机械排风不畅,故需设自然送风口或设置机械送风系统。送风量宜为排风量的 80%～90%,送风口的风速不宜太大。

19. 电梯机房未设置机械通风系统

解析:通常电梯机房内有散热设备,而且电梯井道必须通过机房通风,造成设计时未充分考虑电梯机房的通风量,导致机房内空气长期污浊,长期如此对设备安全造成不利影响,所以电梯机房应设置适当的通风系统,通风换气次数可按 10 次/h 选用。

20. 厨房排油烟管道防火阀的动作温度选取有误

解析:由于厨房平时操作时排出的废气温度较高,若在排油烟风管上设置 70℃时动作的防火阀,将会影响平时厨房操作中的排风,根据厨房操作需要和厨房常见火灾发生时的温度,公共建筑厨房的排油烟管道要设 150℃时动作的防火阀,同时排油烟管道宜按防火分区设置。

21. 化学实验室通风系统设计时,通风管道材质选择有误

解析:根据《民用建筑供暖通风与空气调节设计规范》(GB 50736)第 6.6.2 条要求,当输送腐蚀性或潮湿气体时,应采用防腐材料或采取相应的防腐措施。一些化学实验室、通风柜等排风系统所排出的气体具有一定的腐蚀性,所以其通风系统在设计时,需根据排出气体的化学性质对通风管的材质进行慎重选择,通常可采用玻璃钢、聚乙烯、聚丙烯等材料制作通风管、配件以及柔性接头等,当系统中有易腐蚀设备和配件时,应对设备和系统进行防腐处理。另外,废气需经处理达标后才能排放。

第九章　空调设计

1. 舒适性空调系统设计时送风温差选取不当

解析:在设计过程中存在不经综合考虑,片面地加大送风温差的现象,送风温度过低对于管道系统的保冷、风口类型、送风方式都有严格的要求,特别是绝热设计不满足要求时,管道表面和风口处会产生大量的冷凝水。舒适性空调送风温差应当结合不同的送风口高度,选择合适的送风温差,一般情况下,当送风口高度≤5 m时,送风温差宜采用5～10℃;当送风口高度>5 m时,送风温差宜采用10～15℃。

虽然送风温差是决定空调系统经济性的主要因素之一,但是必须在保证技术要求的前提下,合理地加大送风温差,才能显示其突出的经济意义,即送风温差加大一倍时,空调系统的送风量会减少一半,系统的材料消耗和投资(不包括制冷系统)减少约40%,动力消耗减少约50%。送风温差在4～8℃每增加1℃时,风量会减少10%～15%。因此,设计中正确地选择送风温差是一个相当重要的问题。

2. 回风口的吸风速度设计过大

解析:吸风速度设计过大,不仅增加了噪声,还会扬起灰尘,给回风口附近经常停留的人员带来不舒适感。为尽可能避免以上影响,当回风口处于空调区上部时,一般回风口面的风速不大于4.0 m/s;当设置在房间下部,不靠近人经常停留的地点时,回风口风速不大于3.0 m/s,靠近人经常停留的地点时,回风口风速不大于1.5 m/s。利用走廊回风时为避免在走廊内扬起灰尘,装在门或墙下部的回风口面风速宜采用1.0～1.5 m/s。

3. 舒适性空调系统设计时,送回风方式和送回风口类型选择不当

解析:送回风方式和送回风口类型选择不当,会导致空调区的空调效果差、冷热量分配不均匀、送回风气流短路等,有的设置在吊顶上的风管式室内机未设置回风管,直接在吊顶上开回风口,通过吊顶回风,这是不允许的,不仅无法形成合理的气流循环,影响空调效果,而且由于吊顶内卫生环境较差,对室内空气造成污染。

在设计时应合理选择送回风方式、类型及布置。当空调区无阻碍气流的障碍物或者空间净高有要求时,一般可采用侧送;当采用较大送风温差时,侧送贴附射流有助于增加气流射程,使气流混合均匀,既能保证舒适性要求,又能保证人员活动区温度波动小的要求。贴附侧送是比较简单、经济的一种送风方式,设计时宜采用百叶、条缝型风口贴附侧送;对室内高度较低的空调区当有吊顶可利用时,可采用圆形、方形和条缝形散流器平送,均能形成贴附射流,既能满足使用要求,又比较美观;对于高大空间,如果采用上述几种送风方式,不仅布置风管困难,而且难以达到均匀送风的目的,因此建议采用喷口或旋流风口送风方式。由于喷口送风的喷口截面大,出口风速高,气流射程长,与室内空气强烈掺混,能在室内形成较大的回流区,达到布置少量风口即可满足气流均布的要求。同时,它还具有风管布置简单、便于安装、经济等特点。当空间高度较低时,可采用旋流风口向下送风,亦可达到满意的效果;分层空调,在高大空间应用时,节能效果显著,跨度较大时,空调区宜采用双侧送风,当空调区跨度较小时可采用单侧送风,且回风口宜布置在送风口的同侧下方。

4. 风机盘管冷凝水管路保温和坡度设计不合理

解析:由于冷凝水管道防结露绝热层厚度未根据实际干燥区还是潮湿区合理选择,导致管道外表面温度低于周围空气露点温度,冷凝水管滴水,冷凝水管绝热层厚度可按《民用建筑供暖通风与空气调节设计规范》(GB 50736—2012)中的附录 K 选用。

对于建筑层高不高、吊顶空间有限的情况,由于各专业管线综合复杂,导致冷凝水管设计坡度无法保证,使凝水盘中的冷凝水不能顺利排出,积满水后发生溢水。为保证坡度要求,应尽量就近设置立管排水,减少冷凝水管长度,一般凝水盘泄水支管沿水流方向坡度不宜小于 0.01,冷凝水干管坡度不宜过长,其坡度不应小于 0.003,并不得有积水部位。

5. 空调风管系统设计时未设置风量调节措施

解析:在管路设计时不合理地布置干管和支管,随意性比较大的现象常有,各并联环路负担风量和长度相差太大,压力损失相对差额远大于 15%,对于设置风阀的支管路,几乎完全关闭也难以调至平衡,有的甚至未在支管设风量调节阀,导致末端风口几乎无风送出或者风量小,不满足设计要求。

管道设计时应综合考虑各支管的阻力平衡措施,可通过适当减小较短管路的管径、适当加大不利环路的管道尺寸、在支管上增加风量调节阀、风口带风量调节装置、控制系统的作用半径等措施达到风量分配平衡的要求。

6. 空调送风口结露、风管保冷不当导致滴水现象发生

解析:由于送风温度过低,当风口表面温度低于空气露点时则会产生滴水现象,为防止风口表面结露,可提高送风温度、减小送风温差或采用低温风口,低温风口的特点是所适用的温度和风量范围较常规更广。

风管保冷不当会导致冷量损失,空调房间内空气参数无法满足使用要求,同时由于管道冷凝水的产生,降低了绝热材料性能,损坏吊顶。风管保冷层厚度应当根据经济性与防结露要求计算确定,风管保冷时不允许形成"冷桥",建议在支吊架上安装防腐垫木。选择保冷材料时,应选择热导率小、吸水率小、易施工且综合经济效益高的材料,建议优先选用便于对异型部位保冷的闭孔型材料。

7. 新风量设计标准不合理

解析:空调季新风量选择过大,会导致系统能耗高,造成能源的严重浪费。在选择新风标准时,应根据建筑功能、具体房间功能,合理选择对应的换气次数或者人均新风量,如对于居住建筑和医院建筑,宜按换气次数法确定;高密人群建筑应选择合理的人员密度,对应选择合适的新风量标准,具体可按照《民用建筑供暖通风与空气调节设计规范》(GB 50736—2012)第3.0.6条的详细规定选择。

8. 全空气系统未结合实际合理设置回风机

解析:单风机式空调系统存在系统新、回风量调节困难,以及当回风系统阻力大时,送风机风压较高、耗电量较大、噪声也较大等缺点。因此,当需要新风、回风和排风量变化,或回风系统管路长、分支多、阻力大,设置回风机比较经济合理时,全空气空调系统可相应设置回风机。设置回风机时,新回风混合室的空气压力应为负压。

9. 冷冻水泵在系统中的安装位置未结合实际考虑设备承压能力

解析:设计阶段对管道、设备的承压能力考虑不周,系统运行时由于超压会破坏管道和设备,人员的生命安全无法得到保障。一般而言,冷水机组放在冷冻水泵的压入端,当冷水机组进水端承受的压力大于冷水机组的承压能力,但系统静水压力(包括机组所在地下层的建筑高度)小于冷水机组的承压能力时,可将冷水循环水泵安装在冷水机组的出水端,或者在经济允许的情况下选择加强型冷水机组(普通冷水机组额定工作压力为1 MPa,加强型冷水机组额定工作压力为1.7 MPa)。

10. 闭式空调水系统定压点和膨胀设计不合理

解析:当定压点距离循环水泵的入口过远时,最高点可能出现负压,不能保证系统任何一点的表压均高于5 kPa,影响整个系统的安全运行。膨胀水箱直接放在屋面,未考虑系统最高点的位置,安装高度不满足要求,应保持水箱中的最低水位高于水系统的最高点1m以上。

设计时应注意,仅在水系统设置独立的定压设施时,膨胀管上不应设置阀门,而空调、供暖等各系统合用定压设施且需要分别检修时,膨胀管上的检修阀应采用电信号阀进行误操作警示,并在各空调系统设置安全阀,一旦阀门未开启则警示失灵,可防止事故发生。由于高位膨胀水箱具有定压简单、可靠、稳定、省电等优点,是目前最常用的定压方式,因此推荐优先采用。

11. 空调系统循环水泵进出水管阀门附件设置不全或安装顺序有误

解析:水泵进水管顺水流方向一般依次接以下阀门和附件:蝶阀—压力表—过滤器—压力表—泄水阀—软接,水泵出水管依次接:软接—压力表—止回阀—蝶阀。

12. 在空调水系统设计中,未设置自动排气阀

解析:在闭式空调水循环系统设计中很多人忽略了自动排气阀的设置,或者设置位置不合理,由于管道内空气的存在,会带来很多问题,如氧腐蚀加剧、产生噪声、水泵发生气蚀等。若不及时将这些气体从管路中排除,它们还会逐渐地积聚至管路的某些制高点,并进一步形成"气塞",破坏系统的循环。故应该在水系统管路的每个最高点以及在可能形成气体积聚的管路上,安装性能可靠的自动排气阀。

13. 施工图设计阶段未提供负荷计算书

解析:如果没有计算书作为选型依据,直接按照单位建筑面积冷热指标计算选型,会导致四大现象:装机容量偏大、管道直径偏大、水泵配置偏大和末端设备偏大,给国家和投资人造成巨大损失。因此,要求除在方案设计和初步设计阶段可使用冷、热负荷指标进行必要的估算外,施工图设计阶段应对空调区的冬季热负荷和夏季逐时冷负荷进行计算,并提供负荷计算书。

14. 空气源热泵或风冷式冷水机组室外机的设置位置不合理

解析:室外机离墙以及机组之间的距离过近,导致进风与排风不通畅,在排出空气与吸入空气之间发生明显的气流短路,导致系统运行不稳定、压缩机烧毁等故障;室外机与厨房排风、柴油发电机房排风排烟过近,受污浊气流影响,造成换热器污染,影响换热效果,同时室外机所在位置拥挤、空间狭窄,不便于对室外机检修。应与建筑专业深入配合,合理选择室外机摆放位置,满足机组正常使用和检修的距离要求,同时需考虑机组的噪声和排热对周围环境产生的不利影响。

15. 地下水地源热泵系统设计条件不全,且所需参数不明确,如地下水出水量、水温等

解析: 如果不结合实际,盲目使用地下水地源热泵系统,不仅不能合理有效地利用清洁能源,而且由于实际条件不满足设计要求,导致地下水换热系统的换热效率和使用率很低,主要依靠的都是辅助冷热源,背离了初衷,经济性无法得到保障,而且存在宝贵水资源被污染的可能。

地下水地源热泵系统应根据水文地质勘查资料进行设计,地下水的使用应征得当地水资源管理部门的同意。设计准备阶段必须获取地下水资源的详细数据,包括连续供水量、水温、地下水径流方向、分层水质、渗透系数等参数。有了这些资料才能判定地下水的可用性。地下水的持续出水量应满足地源热泵系统最大吸热量或释热量的要求;地下水的水温应满足机组运行要求,并根据不同的水质采用相应的水处理措施;地下水系统宜采用变流量设计,并根据空调负荷动态变化调节地下水用量;热泵机组集中设置时,应根据水源水质条件确定水源直接进入机组换热器或另设板式换热器间接换热;应对地下水采取可靠的回灌措施,确保全部回灌到同一含水层,且不得对地下水资源造成污染(须有水源井回灌试验报告)。

16. 直燃式溴化锂吸收式机组选型不合理

解析: 机组选型时应考虑冷、热负荷与机组供冷、供热量的匹配,宜按满足夏季冷负荷和冬季热负荷的需求中的机型较小者选择。当机组供热能力不足时,可加大高压发生器和燃烧器以增加供热量,但其高压发生器和燃烧器的最大供热能力不宜大于所选直燃机组型号额定热量的50%。当机组供冷能力不足时,宜采用辅助电制冷等措施。

17. 空调水系统自控阀门的设置错误

解析: 多台冷水机组和冷水泵之间通过共用集管连接时,未在每台冷水机组进水或出水管道上设置与其对应的冷水机组和水泵连锁开关的电动两通阀,会导致流经运行的冷水机组流量不足。为保证流经冷水机组蒸发器的水量恒定,并随冷水机组的运行台数向用户提供适应负荷变化的空调冷水流量,因此在设置数量上要求按与冷水机组"对应"设置循环泵,并建议设计时尽可能采用水泵与冷水机组的管道——对应的连接方式,当采用共用集管时应设置与对应的冷水机组和水泵连锁开关的电动两通阀。除定流量一级泵系统外,空调末端装置应设置水路电动两通阀,以防止房间过冷和浪费能源。

18. 变流量一级泵系统,供、回水管之间电动旁通调节阀的设计流量选择有误

解析:在实际工程中经常发现旁通调节阀选择过大的情况(有的设计图甚至直接按照水泵或冷水机组的接管来选择阀门口径),导致旁通调节阀的调节能力无法和用户实际需求很好地匹配,在小流量变化时会出现旁通量过大、调节精度不高的情况。

变流量一级泵系统采用冷水机组定流量方式时,应在系统的供、回水管之间设置电动旁通调节阀,旁通调节阀的设计流量(即阀门全开时的最大流量)宜取容量最大的单台冷水机组的额定流量。

变流量一级泵系统采用冷水机组变流量方式时,旁通调节阀的设计流量应取各台冷水机组允许的最小流量中的最大值。

19. 空调水循环泵台数设置不合理

解析:水泵定流量运行的一级泵,其设置台数和数量应与冷水机组的台数和流量相对应;变流量运行的每个分区的各级水泵不宜少于 2 台,当所有的同级水泵均采用变速调节方式时,台数不宜过多;空调热水泵台数不宜少于 2 台,严寒和寒冷地区,当热水泵不超过 3 台时,其中 1 台宜设置为备用泵。

20. 冷凝水管道未设置清扫口,接入雨污水管方式有误

解析:冷凝水水平干管始端应设置清扫口,便于定期对系统冲洗和检修;冷凝水排入污水系统时,应有空气隔断措施,不得与室内雨水系统直接连接,否则臭味和雨水会从空气处理机组凝水盘外溢,影响室内空气品质,外溢的雨水会破坏室内环境,造成一定的经济损失。

21. 冷却水系统设计时未设置水处理装置

解析:冷却水系统设计时应特别注意补水的水质和系统内的机械杂质等因素,尤其是开式冷却水系统与空气大量接触,造成水质不稳定,产生和积累大量水垢、污垢、微生物等,使冷却塔和冷凝器的传热效率降低、水流阻力增加,对设备造成腐蚀。因此,为保证水质,应采取相应措施,如传统的化学加药处理以及其他物理方式。

水泵或冷水机组的入口管道上应设置过滤器或除污器;采用水冷管壳式冷凝器的冷水机组,宜设置自动在线清洗装置,可以有效降低冷凝器的污垢热阻,保持冷凝器换热管内壁较高的洁净度,从而降低冷凝端温差(制冷剂冷凝温度与冷却水的离开温度差)和冷凝温度。从运行费用来说,冷凝温度越低,冷水机组的制冷系数越大,可减少压缩机的耗电量。例如,当蒸发温度一定时,冷凝温度每增加1℃,压缩机单位制冷量的耗功率增加3%～4%。目前的在线清洗装置主要是清洁球和清洁毛刷两大类产品,设计时宜根据冷水机组产品的特点合理选用。当开式冷却水系统不能满足制冷设备的水质要求时,应采用闭式循环系统。

22. 开式冷却塔补水量设计偏大,补水位置不合理

解析:开式系统冷却水损失量占系统循环水量的比例可按照下列数据估算:蒸发损失为每摄氏度水温降0.16%;飘逸损失可按生产厂提供数据确定,无资料时可取0.2%～0.3%;排污损失(包括泄漏损失)与补水水质、冷却水浓缩倍数的要求、飘逸损失量等因素有关,一般取0.3%。不设集水箱的系统,应在冷却塔底盘处补水;设置集水箱的系统,应在集水箱处补水。

23. 选用真空锅炉时用热温度偏高

解析:当采用真空锅炉时,最高用热温度宜小于或等于85℃,因为真空锅炉安全稳定的最高供热温度为85℃。真空热水锅炉近年来应用得越来越广泛,主要优点:负压运行无爆炸危险;由于热容量小,升温时间短,所以启、停热损失较低,实际热效率高;本体换热,既实现了供热系统的承压运行,又避免了换热器散热损失与水泵功耗;与"锅炉＋换热器"的间接供热系统相比,投资与占地面积均有较大节省,且闭式运行,锅炉本体寿命长。

24. 制冷机房设备布置不满足规范要求

解析:按照目前常用机型,最小间距要求如下:机房与墙之间的净距离不小于1m,与配电柜的距离不小于1.5m;机房与机组或其他设备之间的净距离不小于1.2m;宜留有不小于蒸发器、冷凝器或低温发生器长度的维修距离;机组与其上方管道、烟道或电缆桥架的净距离不小于1m;机房主要通道的宽度不小于1.5m。根据实践经验,设计图面上因重叠的管道摊平绘制,管道甚多,看起来机房很挤,竣工时发现现场实际空间很宽松,浪费了不少面积。因此,设计时应尽量布置紧凑、间距适当,不应超出以上规定的间距。

第十章 防排烟设计

1. 防排烟系统未按建筑高度、使用性质等因素进行设计

解析: 在防排烟设计说明中,应交代清楚建筑物的地点、使用性质、建筑面积、建筑高度、建筑层数、建筑分类、建筑耐火等级、使用用途、火灾危险性类别(厂房、仓库)等内容。在工业建筑和库房设计时,还应交代清楚其生产火灾危险性分类和储存物品火灾危险性分类;对整个建筑物有了详细的了解后,才能遵循相关的消防规范,根据不同的情况采取不同的防排烟措施。如建筑防烟系统的设计就是根据建筑高度、使用性质等因素来决定是采用自然通风系统还是机械加压送风系统。建筑高度小于 50 m 的公共建筑、工业建筑和建筑高度小于 100 m 的住宅,其防烟楼梯间、独立前室、公用前室、合用前室及消防电梯前室应采用自然通风系统;建筑高度大于 50 m 的公共建筑、工业建筑和建筑高度大于 100 m 的住宅,其防烟楼梯间、独立前室、公用前室、合用前室及消防电梯前室应采用机械加压送风系统。

2. 防排烟系统未按建筑防火分区设计

解析: 防火分区是防排烟系统的主要界线,防排烟设计都是在防火分区的框架下进行的。比如某处火灾时,应开启该防火分区内所有的机械加压送风机;防烟分区不能跨越防火分区。再比如当建筑的机械排烟系统沿水平方向布置时,每个防火分区的机械排烟系统应独立布置;还有风管和水管在穿越防火隔断时,管道和保温材料均应采用不燃材料,其耐火极限不应小于防火隔断的耐火极限,此处的空隙应做好防火封堵,穿越处应设防火阀。所以在进行平面图设计时,应该标明防火分区。

3. 未与建筑专业核实各房间的功能和用处

解析: 防排烟设计与房间的功能和用处密切相关。如电梯应标明是普通电梯还是消防电梯,如果是普通电梯,则普通电梯门外部的电梯厅不需考虑防烟措施;但如果是消防电梯,则电梯入口的电梯厅是消防电梯前室,应采取防烟措施;如果电梯的用处不标明,则无法进行设计。

再比如同为 $100\,\mathrm{m^2}$ 的地上房间,如果是人员经常停留的办公室等房间,就应有排烟措施,而如果是戊类库房则不必有排烟措施。工业厂房、库房、歌舞娱乐放映游艺场所、人员经常逗留场所等均对于不同功能和面积有不同的排烟要求。所以,在防排烟设计时要标明各房间的功能和用处,才能采取相应的防排烟措施。

4. 正压送风口的设置不合理

解析:设置机械加压送风系统的场所,楼梯间应设置常开风口,前室应设置常闭风口。采用直灌式的加压送风系统,当建筑高度大于 $32\,\mathrm{m}$ 时,两个送风口之间的距离不宜小于建筑高度的 $1/2$;直灌式以外的楼梯间加压送风系统,宜每隔 $2\sim3$ 层设一个风口;前室应每层设一个常闭风口。

机械加压送风口不宜设置在被门或其他物体遮挡的部位,不应设在影响人员疏散的部位。方案设计阶段,暖通专业应与建筑专业沟通好正压送风井的位置,避免上述情况的出现。

正压风口风速不宜超过 $7\,\mathrm{m/s}$。火灾时,打开的前室正压送风口通常是着火层及其上下层,这时送风口按三个风口同时开启计算。

5. 同一位置的地上与地下楼梯间其正压送风系统设计有误

解析:当地下、半地下与地上的楼梯间在一个位置布置时,由于现行国家标准《建筑设计防火规范(2018 年版)》(GB 50016—2014)要求在首层必须采取防火分隔措施,因此实际上就是两个楼梯间,应分别独立设置加压送风系统。只有当受建筑条件限制,地下部分仅为汽车库或设备用房时,才可合用,且送风量应为地上、地下正压送风量的叠加并应采取措施分别满足地上、地下部分送风量的要求。

6. 地下仅有一层或二层的楼梯间,加压送风量取值有误

解析:老版的消防规范对于楼层小于 20 层的防烟楼梯间的加压送风量有最小限制,而新的现行规范《建筑防烟排烟系统技术标准》(GB 51251—2017)对于系统负担建筑高度小于 $24\,\mathrm{m}$ 的房屋已经取消了最小风量的限制,只对于系统负担高度大于 $24\,\mathrm{m}$ 的房屋,才有最小加压风量的限制。所以对于地下仅有一层或二层的楼梯间,当系统负担高度小于 $24\,\mathrm{m}$ 时,正压送风量按第 3.4.5 条至第 3.4.8 条计算确定。

7. 防排烟系统设计时未竖向分段设置

解析:对于建筑高度大于或等于 $50\,\mathrm{m}$ 的公共建筑、工业建筑和建筑高度大于或等于 $100\,\mathrm{m}$ 的住宅建筑,由于这些建筑受风压作用影响大,建筑的开口或缝隙较大,不能有效地防止烟气的侵入。同时一旦消防系统出现故障,容易造成大面积的失控,对建筑整体安全构成威胁。为了提高系统的可靠性,防止消防系统因担负楼层数太多或竖向高度过高而失效,且竖向分段最好结合设备层科学布置,在进行防排烟设计时要注意以下几点:

(1)防烟楼梯间及其前室均应采用机械加压送风系统,以保持楼梯间和前室的正压及其正压梯度,不应采用自然通风。

(2)针对《建筑防烟排烟系统技术标准》(GB 51251—2017)中"可仅在楼梯间设置机械加压送风系统"失效,防烟楼梯间及其独立前室均应分别采用机械加压送风系统。

(3)当建筑高度超过 100 m 时,机械加压送风系统应竖向分段独立设置,且每段高度不应超过 100 m。

(4)建筑高度超过 50 m 的公共建筑和建筑高度超过 100 m 的住宅,其排烟系统应竖向分段独立设置,且公共建筑每段高度不应超过 50 m,住宅建筑每段高度不应超过 100 m。

(5)对于采用机械加压送风系统的楼梯间和前室,不应采用百叶窗,不宜设置可开启外窗。

8. 排烟平面图未交代清楚排烟量、排烟口等设计参数

解析:《建筑防烟排烟系统技术标准》(GB 51251—2017)中对于排烟系统中防烟分区、排烟量、排烟口的要求与以前的规范相比有了很大的不同,它们的设置与建筑内房间的性质、面积、净高、吊顶形式密切相关,因此,在排烟设计时应标示清楚房间或走道等区域的功能、净高、走道宽度、吊顶做法(开孔率)和吊顶高度、防烟分区面积,并由此计算出最小清晰高度、储烟仓高度、挡烟垂壁高度以及排烟量。自然排烟时,应标明排烟窗有效面积、底标高。

机械排烟时应标明排烟风机的参数、烟层厚度、单个排烟口最大允许排烟量、排烟口个数、排烟管及其标高;有补风要求的应标明补风机的参数、补风口及其标高等内容,在同一防烟分区内,补风口应设在储烟仓下沿以下。

9. 自然排烟设计未划分防烟分区

解析:以前的消防规范对采用自然排烟的场所没有设置防烟分区的要求,但实际上,不论采用自然排烟还是机械排烟,都应该要将烟气控制在着火区域所在的空间范围,并限制烟气向其他区域蔓延。所以《建筑防烟排烟系统技术标准》(GB 51251—2017)要求自然排烟也和机械排烟一样,根据房间的面积和高度要求划分防烟分区。

10. 防火阀的位置设置不正确

解析:防火阀分为 70℃ 防火阀和 280℃ 排烟防火阀。70℃ 防火阀一般用于通风和空气调节系统,280℃ 排烟防火阀用于排烟系统。

通风和空气调节系统的风管是建筑内部火灾蔓延的途径之一,应采取措施防止火势穿过防火墙和不燃性防火分隔物等位置蔓延。通风、空气调节系统的风管上应在下列位置设置防火阀:

(1)穿越防火分区处。

(2)穿越通风、空调机房的隔墙和楼板处。

(3)穿越重要或火灾危险性大的房间隔墙和楼板处。

(4)穿越防火分隔处的变形缝两侧。

(5)竖向风管与每层水平风管交接处的水平管段上。

这里要注意,在穿越前室、消防控制中心、设备用房时要设 70℃ 防火阀。

为防止火灾通过排烟管道蔓延到其他区域,排烟系统风管在下列位置应设排烟防火阀:

(1)竖向风管与每层水平风管交接处的水平管段上。

(2)一个排烟系统负担多个防烟分区的排烟支管上。

(3)排烟风机入口处。

(4)穿越防火分区处。

防火阀、排烟防火阀的安装方向、位置会影响动作功能的正常发挥,防火分区隔墙及防火隔墙两侧的防火阀离墙越远,则对穿越墙的管道耐火性能要求越高,阀门功能作用越差,因此要求防火阀应顺气流方向关闭,防火分区隔墙两侧防火阀距隔墙的距离不应大于 200 mm。

部分工程在风管穿越所有伸缩缝时,都设置了防火阀,这是不必要的,注意是在"穿越防火分隔处的变形缝两侧"设置防火阀,而不是在非防火分隔处的变形缝两侧。

11. 排烟防火阀和排烟阀没有区分清楚

解析:《建筑防烟排烟系统技术标准》(GB 51251—2017)对排烟防火阀和排烟阀有了明确的定义,因此在图纸设计时应区分清楚排烟防火阀和排烟阀。排烟防火阀安装在机械排烟系统的管道上,平时呈开启状态,火灾时当排烟管道内烟气温度达到 280℃ 时关闭,并在一定时间内能满足漏烟量和耐火完整性要求,起隔烟、阻火作用的阀门。排烟防火阀在 280℃ 时自行关闭,并连锁关闭排烟风机和补风机。

排烟阀是安装在机械排烟系统各支管端部(烟气吸入口)处,平时呈关闭状态并满足漏风量要求,火灾时可手动和电动启闭。起排烟作用的阀门,一般由阀体、叶片、执行机构等部件组成。

12. 公共建筑内(中庭除外)自然排烟口的位置和面积交代不清楚

解析: 采用自然排烟系统的场所应设置自然排烟窗(口),自然排烟窗(口)应设在排烟区域的顶部或外墙。当房间净高≤3 m时,排烟窗(口)底部应设在室内净高的1/2以上,排烟窗(口)有效面积按不小于房间面积的2%计算;当3 m<房间净高≤6 m时,排烟窗(口)应设在储烟仓内,排烟窗(口)有效面积按不小于房间面积的2%计算;当房间净高>6 m时,排烟窗(口)应设在储烟仓内,排烟窗(口)有效面积按规范计算。

采用自然排烟场所,其储烟仓厚度应不小于空间净高的20%。需要注意的是净空高度大于9 m的中庭、建筑面积大于2 000 m²的营业厅、展览厅、多功能厅等场所的高位自然排烟窗还应设置分区、分组集中手动开启装置和自动开启设施,自然排烟窗的设置应同时与建筑专业协调一致。

基于以上要求,在图纸设计时,应标明房间的面积和净高;房间有吊顶时,还应注明房间吊顶的开口率和吊顶高度,当吊顶的开孔率小于25%时,房间的净高按吊顶高度计算,当吊顶的开孔率不小于25%时,按房间净高计算。对于大于3 m的房间应按规范要求计算最小清晰高度,储烟仓也即烟层的底部应高于最小清晰高度。

防烟分区内排烟窗(口)距最远点的水平距离不应大于30 m,排烟窗(口)的位置还应满足规范的其他要求。

排烟设计时,应该要和建筑专业设计人员沟通好,不能看到有外窗就理所当然地认为可以采用自然排烟,应确定该窗户是不是可开启外窗;排烟窗的有效面积是可开启外窗的净面积,而不是窗户的开洞面积,并且应是在储烟仓内的可开启的净面积才是有效自然排烟窗的面积。

13. 公共建筑房间内机械排烟口(中庭除外)的位置和规格交代不清楚

解析: 机械排烟系统的排烟口可为常闭排烟口或可由百叶风口和排烟阀组合,排烟口可设在防烟分区排烟区域的顶棚或距顶棚不大于0.5 m的侧墙上。

当房间净高≤3 m时,排烟口底部应设在室内净高的1/2以上,排烟量应按不小于60 m³/(h·m²)计算,且取值不小于15 000 m³/h;当3 m<房间净高≤6 m时,排烟口应设在储烟仓内,排烟量应按不小于60 m³/(h·m²)计算,且取

值不小于 15 000 m³/h;当房间净高＞6 m 时,排烟窗(口)应设在储烟仓内。

每个排烟口的最大排烟量按《建筑防烟排烟系统建筑标准》(GB 51251—2017)计算或附录 B 选取,每个排烟口面积按排烟风速小于 10 m/s 计算。

基于以上要求在图纸设计时,应标明房间的面积、净高、吊顶的开口率、吊顶高度、最小清晰高度、烟层厚度、排烟口最大允许排烟量。

防烟分区内排烟窗(口)距最远点的水平距离不应大于 30 m,排烟口与附近安全出口相邻边缘之间的水平距离不应小于 1.5 m。

14. 中庭排烟系统设计不符合规范要求

解析:当中庭与周围场所未采用防火隔墙、防火玻璃隔墙、防火卷帘时,中庭与周围场所之间应设置挡烟垂壁,中庭的排烟系统应与周围场所分别设计。

当中庭周围场所设有排烟系统时,中庭采用机械排烟系统的,中庭排烟量应按周围场所防烟分区中最大排烟量的 2 倍数值计算,且不应小于 107 000 m³/h;中庭采用自然排烟系统时,应按上述排烟量和自然排烟窗(口)的风速不大于 0.5 m/s 计算有效开窗面积。

当中庭周围场所不需设置排烟系统,中庭的排烟量不应小于 40 000 m³/h;中庭采用自然排烟系统时,应按上述排烟量和自然排烟窗(口)的风速不大于 0.4 m/s 计算有效开窗面积。

靠外墙或贯通至建筑屋顶的中庭当设置机械排烟系统时应设置固定窗,其总面积不应小于中庭楼地面面积的 5%。

15. 防火阀、排风口与排烟风机之间是联动还是连锁没有交代清楚

解析:在表述排烟系统防火阀、排风口与排烟风机之间控制方法时,只是统一说明要与排烟风机联动,而没有区分清楚不同的排烟阀门和排烟风机的控制方式。

《建筑防烟排烟系统技术标准》(GB 51251—2017)规定:火灾时,常闭排烟阀和排烟口的开启信号应与排烟风机和补风机联动;排烟防火阀应在 280℃时自行关闭,并应连锁关闭排烟风机和补风机。

要注意,连锁和联动是不同的控制方式,不能混淆。连锁是在控制箱里直接关闭,而联动是通过消防控制中心间接动作。

16. 排烟系统的补风设计不满足规范要求

解析:补风分为自然补风和机械补风。对于地下场所,走道或房间均应设置补风系统;对于地上场所,走道或建筑面积小于 500 m² 的房间可不考虑补风,面积大于 500 m² 的房间应设置补风系统。

面积大于 $500\,m^2$ 的地上房间不可以间接补风,应直接利用开向室外的门、窗、洞口自然补风或机械补风,防火门、防火窗不能作为补风用。

补风口和排烟口的水平距离不应小于 $5\,m$。当补风口和排烟口在一个防烟分区时,补风口应在储烟仓下沿口以下。所以当地下车库等采用自然采光窗作为自然补风时,采光窗下面四周要采取措施,比如设置挡烟垂壁,使采光窗的补风从车库储烟仓的下沿口以下进入排烟区。

补风机的进风口和排烟风机的出风口的距离也有要求,当补风机的进风口和排烟风机的出风口只能设置在同一面上,竖向布置时进风口应设在出风口的下方,两者最小边缘垂直距离不能小于 $6\,m$;水平布置时,两者边缘水平距离不应小于 $20\,m$。

17. 公共建筑走道排烟系统设计有误

解析: 当公共建筑内房间和内走道,每个房间面积小于 $50\,m^2$,但总面积大于 $200\,m^2$ 时,面积小于 $50\,m^2$ 的小房间可不设排烟口,可通过走道排烟,排烟口设置在疏散走道,排烟量不小于 $13000\,m^3/h$。

当内房间面积大于等于 $50\,m^2$,房间内应设置排烟口,若内走道长度也不小于 $20\,m$ 时,内房间和走道均应分别设置排烟口。

18. 长度超过 60 m、有可开启外窗的内走道排烟系统设计有误

解析: 现行规范《建筑防烟排烟系统技术标准》(GB 51251—2017)对长度超过 $60\,m$ 的内走道不再有设置机械排烟的强制要求,当走道的防烟分区、自然排烟窗的面积、位置满足规范的相关要求时,也可以采用自然排烟。

19. 正压送风机进风口和排烟风机出风口设计不合理

解析: 设计人员在进行防排烟设计时,有时只注意建筑内的设计,而受建筑条件的限制或自身的疏忽,使得风机进风口或排烟风机出风口的位置不满足要求,存在安全隐患。机械加压送风系统是火灾时保证人员疏散的必要条件,除了保证系统正常运行以外,还应保证输送的空气能使人员正常呼吸,因此就要求进风应接至室外百叶,以引入不受火灾和烟气污染的空气。为了达到上述目的,要做到以下两点:①送风机进风口最好放在正压送风系统的下部;②正压送风机进风口和排烟风机的出风口最好不要放在一面,当只能设置在同一面上、竖向布置时进风口应设在出风口的下方,两者最小边缘垂直距离不能小于 $6\,m$;水平布置时,两者边缘水平距离不应小于 $20\,m$。

当排烟风机出口设置在有人员活动区域,比如小区的街道上时,出风口底部距地面高度不应小于 $2.5\,m$,以免烟气对附近活动的人员造成直接的伤害。

20. 挡烟垂壁材质、高度等要求未在图纸中明确

解析：挡烟垂壁是用不燃材料制成，垂壁安装在建筑顶棚、横梁或吊顶下，是能在火灾时形成一定的蓄烟空间的挡烟分隔设施。设置挡烟垂壁是划分防烟分区的主要措施，挡烟垂壁所需高度应根据建筑所需的清晰高度以及设置排烟的可开启外窗或排烟风机的量，针对区域内是否有吊顶以及吊顶方式分别进行确定。

21. 常忘记设置挡烟垂壁的两个位置

解析：在进行排烟设计时，常遗漏设置挡烟垂壁的两处位置：

一是在当中庭与周围场所未采用防火隔断时（如防火隔断、防火玻璃隔断、防火卷帘），中庭与周围场所之间应设置挡烟垂壁。

二是在设置排烟措施的建筑内，敞开楼梯间和自动扶梯穿越楼板的开口部应设置挡烟垂壁。

中庭与周围房间以及上、下层之间应是两个不同防烟分区，烟气应该在着火层及时排出，否则容易引导烟气向上层蔓延的混乱情况，给人员疏散和扑救都带来不利。因此，在上述两个位置应设置挡烟垂壁以阻挡烟气的蔓延。

22. 连接多个楼层排烟系统的排烟竖井面积计算不正确

解析：一个竖井连接多个楼层排烟系统，且每个楼层均为不同的防火分区时，井道面积应按所负担的某个防火分区内排烟量最大的来计算。

在给建筑专业提供管井大小时，设计人员有时仅注意管井与墙的关系，而没有考虑结构梁的大小。建筑图上并没有反映梁的情况，有时从建筑图上看尺寸够了，但由于结构梁比墙要宽得多，梁占据了管井的尺寸，实际管井的尺寸要小得多，因此在提供风井尺寸时应考虑到梁的尺寸。

23. 防排烟系统的金属风管管材的选择不满足要求

解析：防排烟系统的风管管材大多选用金属风管，我们在选择风管管材时，除了要满足对风管厚度的要求外，还要注意到《建筑防烟排烟系统技术标准》(GB 51251—2017)对排烟风管及其排烟系统的设施有了新的要求，具体如下：

(1)防排烟管道不应采用土建风道，并将此列为强条。

(2)对于防排烟管道的耐火极限有要求。

对于机械加压送风管道：

1)未设置在管道井内或与其他管道合用管道井的送风管道，耐火极限不应低于1.00 h。

2)水平设置的送风管道,当设置在吊顶内时,其耐火极限不应低于 0.50 h;当未设置在吊顶内时,其耐火极限不应低于 1.00 h。

对于排烟管道:

1)竖向设置的排烟管道应设置在独立的管道井内,排烟管道的耐火极限不应低于 0.50 h。

2)水平设置的排烟管道应设置在吊顶内,其耐火极限不应低于 0.50 h;当确实有困难时,可直接设置在室内,但管道的耐火极限不应小于 1.00 h。设置在走道部位吊顶内的排烟管道和穿越防火分区的排烟管道,其管道的耐火极限不应小于 1.00 h,但设备用房和汽车库的排烟管道耐火极限可不低于 0.50 h。

(3)对于排烟管道系统,还要求排烟设施管道及其连接部件应能在 280℃时连续 30 min 并保证其结构完整性。

24. 自然排烟窗(口)、常闭排烟阀或排烟口未设置手动开启装置

解析:自然排烟窗(口)应设置手动开启装置,设置在高处不便于直接开启的自然排烟窗(口),应设置距地面 1.3~1.5 m 的手动开启装置。净空高度大于 9 m 的中庭、建筑面积大于 2000 m² 的营业厅、展览厅、多功能厅等场所,尚应设置集中手动开启装置和自动开启设施。排烟阀要求火灾时可手动启闭,也应设置距地面 1.3~1.5 m 的手动开启装置。电动挡烟垂壁也应设置现场手动开启装置。

25. 排烟风机和补风机直接吊装在排烟区域或直接放在屋面上,这种做法是错误的

解析:排烟风机和补风机应设在专用消防机房内,且风机两侧应有 600 mm 以上的空间。

26. 工业建筑采用自然排烟方式时,容易忽略的几个问题

解析:(1)当工业建筑采用自然排烟方式时,其水平距离尚不应大于建筑内空间净高的 2.8 倍;这条经常被设计者遗忘,只注意到任一点距离最近的排烟窗水平距离不应大于 30 m 而忽略了本条。

(2)当厂房的自然排烟窗设置在屋顶时,应在屋面均匀设置且宜采用自动控制方式开启,当屋面斜度小于或等于 12°时,每 200 m² 的建筑面积应设置相应的自然排烟窗;当屋面斜度大于 12°时,每 400 m² 的建筑面积应设置相应的自然排烟窗。

27. 固定窗未按要求设置

解析:新的《建筑防烟排烟系统建筑标准》(GB51251—2017)对固定窗提出了具体的要求。

(1)设置机械加压送风系统的封闭楼梯间、防烟楼梯间,尚应在其顶部设置不小于$1 m^2$的固定窗。靠外墙的防烟楼梯间,尚应在其外墙上每5层设置总面积不小于$2 m^2$的固定窗。

(2)设置在中庭区域的固定窗,其总面积不应小于中庭楼地面面积的5%。

(3)固定窗宜按每个防烟分区在屋顶或建筑外墙上均匀布置且不应跨越防火分区。

28. 单个排烟口排烟量计算有误,导致排烟口数量不符合要求

解析:机械排烟系统中,单个排烟口的最大允许排烟量宜按《建筑防烟排烟系统建筑标准》(GB 51251—2017)计算,与排烟口设置的位置、安装的高度等因素有关;或按本标准附录B选取,附录B中的表格仅适用于排烟口设置于建筑空间顶部,且排烟口中心点至最近墙体的距离大于或等于2倍排烟口当量直径的情形;当实际情况不符合表中的工况时,应据实际情况按第4.6.14条的公式进行计算。单个排烟口的排烟量选取偏大,会导致系统排烟量不符合实际的要求,无法达到排烟预期的效果。

第十一章　节能与绿建设计

1. 暖通专业在施工图设计阶段未提供热负荷和逐时冷负荷计算书

解析：在甲类公共建筑的施工图设计阶段，必须进行热负荷计算和逐项、逐时的冷负荷计算；单栋建筑面积大于 300 m² 的建筑，或单栋建筑面积小于或等于 300 m² 但总建筑面积大于 1 000 m² 的建筑群，为甲类公共建筑。

2. 暖通专业在空调、供暖负荷计算时围护结构热工参数与建筑专业不一致

解析：在施工图设计阶段，建筑专业围护结构的最终热工参数值为建筑建成后的实际参数值，如果暖通专业计算时未采用此参数，空调、供暖负荷计算的结果与建成的建筑耗冷量及耗热量会产生偏差，导致选择的机组容量偏大或不满足使用要求。造成这类问题的原因是多方面的：有可能是暖通专业人员输入数据时，未认真核对热工参数；也有可能是建筑专业人员提供围护结构热工参数给暖通专业人员后，由于某些原因热工参数做了调整，未及时与暖通专业人员沟通。解决这个问题的主要方法是在设计过程中，设计人员要认真仔细地核对数据，加强各专业的交流与沟通，如果在设计软件上采用数据共享，某个专业有调整时，在其他专业设计文件中同时反映出来，那就更能有效地解决人为带来的误差。

3. 电动压缩式冷水机组在选型时，总装机容量偏大

解析：从实际情况来看，目前几乎所有的舒适性集中空调在运行中，都不存在冷源的总供冷量不够的问题，大部分情况下，所有机组同时运行的时间很短甚至没有出现过。这说明相当多的制冷站的冷水机组总装机容量过大，实际上造成了投资浪费。同时，由于单台机组装机容量偏大，还导致了其长期在低负荷工况下运行，能效降低。

电动压缩式冷水机组的总装机容量，应按规定计算的空调冷负荷值直接选定，不得另作附加。在设计条件下，当机组的规格不符合计算冷负荷的要求时，所选择机组的总装机容量与计算冷负荷的比值不得大于 1.1。在具体设计选型时，机组容量可根据建筑的功能、规模，采用多台机组大小搭配的形式进行设计,以满足不同负荷的运行条件。

4. 在空调图纸中,需标注多台冷水机组、冷却水泵和冷却塔组成的冷水系统的 SCOP 值

解析:SCOP 为电冷源综合制冷性能系数,在中央空调系统设计时容易被忽略,多台冷水机组、冷却水泵和冷却塔组成的冷水系统需在图中注明 SCOP 值,SCOP 为名义制冷量(kW)与冷源系统的总耗电量(kW)之比;风冷机组名义工况下的制冷性能系数(COP)值即为 SCOP 值。

5. 在选配集中供暖系统的循环水泵、空调冷(热)水系统的循环水泵时,图纸中未标注耗电输热比(*EHR-h*)值、耗电输冷(热)比[*EC(H)R-a*]

解析:在选配集中供暖系统的循环水泵时,图纸中需标注集中供暖系统的耗电输热比(*EHR-h*)、空调冷(热)水系统的耗电输冷(热)比[*EC(H)R-a*]。水系统耗电输冷(热)比按下式计算:

$$EHR\text{-}h(EC(H)R\text{-}a)=0.003096\sum(GH/\eta b)/Q \leqslant A(B+\alpha\sum L)\Delta T$$

式中:$EHR\text{-}h$——集中供暖系统耗电输热比;

$EC(H)R\text{-}a$——空调冷(热)水系统耗电输冷(热)比;

G——每台运行水泵的设计流量(m^3/h);

H——每台运行水泵对应的设计扬程(mH_2O);

η_b——每台运行水泵对应的设计工作点效率;

Q——设计热负荷(kW);

ΔT——设计供回水温差(℃);

A——与水泵流量有关的计算系数;

$\sum L$——供暖中:热力站至供暖末端(散热器或辐射供暖分集水器)供回水管道的总长度(m);空调中:从冷热机房出口至该系统最远用户供回水管道的总输送长度(m)。

α——与 $\sum L$ 有关的计算系数。

当 $\sum L \leqslant 400\,\text{m}$ 时,$\alpha=0.0115$。

当 $400\,\text{m} < \sum L < 1\,000\,\text{m}$ 时,$\alpha=0.003833+3.067/\sum L$。

当 $\sum L \geqslant 1\,000\,\text{m}$ 时,$\alpha=0.0069$。

表 10-1　△T值(℃)

冷水系统	热水系统			
	严寒	寒冷	夏热冬冷	夏热冬暖
5	15	15	10	5

表 10-2　A值

设计水泵流量 G	G≤60 m³/h	60 m³/h＜G≤200 m³/h	G＞200 m³/h
A值	0.004 225	0.003 858	0.003 749

B值

供暖系统中:B——与机房及用户的水阻力有关的计算系数,一级泵系统时 B 取 17,二级泵系统时 B 取 21。

空调系统中:

表 10-3　B值

系统组成		四管制单冷、单热管道 B 值	两管制热水管道 B 值
一级泵	冷水系统	28	—
	热水系统	22	21
二级泵	冷水系统	33	—
	热水系统	27	25

表 10-4　四管制冷、热水管道系统的 α 值

系统	管道长度∑L 范围(m)		
	∑L≤400 m	400 m＜∑L＜1 000 m	∑L≥1 000 m
冷水	$\alpha=0.02$	$\alpha=0.016+1.6/\sum L$	$\alpha=0.013+4.6/\sum L$
热水	$\alpha=0.014$	$\alpha=0.0125+0.6/\sum L$	$\alpha=0.0$

表 10-5　两管制热水管道系统的 α 值

系统	地区	管道长度∑L 范围(m)		
		∑L≤400 m	400 m＜∑L＜1 000 m	∑L≥1 000 m
热水	严寒	$\alpha=0.009$	$\alpha=0.0072+0.72/\sum L$	$\alpha=0.0059+2.02/\sum L$
	寒冷	$\alpha=0.0024$	$\alpha=0.002+0.16/\sum L$	$\alpha=0.016+0.56/\sum L$
	夏热冬冷	$\alpha=0.0032$	$\alpha=0.0026+0.24/\sum L$	$\alpha=0.0021+0.74/\sum L$
	夏热冬暖	$\alpha=0.0032$	$\alpha=0.0026+0.24/\sum L$	$\alpha=0.0021+0.74/\sum L$

供暖系统中：

α——与$\sum L$有关的计算系数；

当$\sum L \leqslant 400\,m$时，$\alpha = 0.0115$；

当$400\,m < \sum L < 1\,000\,m$时，$\alpha = 0.003\,833 + 3.067/\sum L$；

当$\sum L \geqslant 1\,000\,m$时，$\alpha = 0.006\,9$。

6. 图纸设计中未标注风道系统单位风量耗功率(W_s)

解析：空调风系统和通风系统的风量大于$10\,000\,m^3/h$时，风道系统单位风量耗功率(W_s)应在图中注明，风道系统单位风量耗功率(W_s)应按下式计算：

$$W_s = P/(3600 \times \eta_{cd} \times \eta_F)$$

式中：W_s——风道系统单位风量耗功率[单位为$W/(m^3/h)$]；

P——空调机组的余压或通风系统风机的风压（单位为Pa）；

η_{cd}——电机及传动效率（单位为%），η_{cd}取0.855；

η_F——风机效率（单位为%），按设计图中标注的效率选择。

表 10-6 风道系统单位风量耗功率限值

系统形式	W_s限值($W/m^3/h$)
机械通风系统	0.27
新风系统	0.24
办公建筑定风量系统	0.27
办公建筑变风量系统	0.29
商业、酒店建筑全空气系统	0.30

7. 锅炉房、换热机房和制冷机房图纸设计中缺计量装置

解析：锅炉房、换热机房和制冷机房需进行能量计量，能量计量应包括下列内容：

(1)燃料的消耗量。

(2)制冷机的耗电量。

(3)集中供热系统的供热量。

(4)补水量。

暖通专业将需计量的部位提供给相关专业，由相关专业进行计量。如燃气计量提供给动力专业，电计量提供给电气专业，水计量提供给给排水专业，由各相关专业设置计量装置，以便在系统的运行中，对能耗进行监控，加强建筑用能的量化管理是建筑节能的工作需要，在冷热源处设置能量计量装置，是实现用能总量量化管理的前提和条件,同时在冷热源处设置能量计量装置利于相对集中,也便于操作。

8. 采用电加热直接供暖系统需满足的条件

解析: 除符合下列条件之一外,不得采用电直接加热设备作为供暖热源:

(1)电力供应充足,且电力部门鼓励用电时。

(2)无城市或区域集中供热,采用燃气、煤、油等燃料受到环保或消防限制,且无法利用热泵提供供暖热源的建筑。

(3)以供冷为主、供暖负荷非常小,且无法利用热泵或其他方式提供供暖热源的建筑。

(4)以供冷为主,供暖负荷小,无法利用热泵或其他方式提供供暖热源,但可以利用低谷电进行蓄热,且电锅炉不在用电高峰和平段时间启用的空调系统。

(5)利用可再生能源发电,且其发电量能满足自身电加热用电量需求的建筑。

供暖系统直接采用电加热时,设计人员需根据现实条件,对比各种供暖系统的利弊和可行性,再做选择。

9. 地下汽车库通风系统的控制不明确

解析: 地下停车库风机宜采用多台并联方式或设置风机调速装置,并宜根据使用情况对通风机设置定时启停(台数)控制,或根据车库内的 CO 浓度进行自动运行控制;其中,采用 CO 浓度进行自动运行控制更加符合节能和绿建要求。设计中,需注意通风系统启动时,CO 的浓度要求不应大于规范的规定值 $30\,mg/m^3$。有些设计提供的启动浓度单位为 ppm 时,需注意单位换算,单位换算见下式:

$$Y(mg/m^3) = X(ppm)/22.45$$

CO 探测器需多点布置,$500\sim700\,m^2$ 设 1 个探测点,CO 探测器的安装高度距顶部 $30\sim50\,cm$。

10. 各专业绿建专篇设计与绿建专业设计内容不一致

解析: 在实际工作中,有些设计文件中各专业的绿建专篇与建筑专业汇总的绿建专篇不一致,导致绿建在验收的过程中无法通过验收,造成这个问题的主要原因是各专业在设计过程中缺乏沟通交流。为了避免这类问题的发生,设计人员在编写绿建专篇时,要互相沟通、交流,成稿后,各专业要及时把绿建专篇交给建筑专业汇总,如果后期有调整,需及时替换;还可应用协同设计软件,各专业通过网络技术,赋予各专业不同的操作权限,可以修改同一个绿建设计文件,保证最终各专业绿建专篇设计与绿建专业设计内容一致。

附录　参照的主要标准及规范

《建筑设计防火规范(2018年版)》(GB 50016—2014)

《建筑机电工程抗震设计规范》(GB 50981—2014)

《住宅设计规范》(GB 50096—2011)

《住宅建筑规范》(GB 50368—2005)

《绿色建筑评价标准》(GB/T 50378—2019)

《公共建筑节能设计标准》(GB 50189—2015)

《汽车库、修车库、停车场设计防火规范》(GB 50067—2014)

《建筑给水排水设计标准》(GB 50015—2019)

《室外给水设计标准》(GB 50013—2018)

《室外排水设计规范(2016年版)》(GB 50014—2006)

《消防给水及消火栓系统技术规范》(GB 50974—2014)

《自动喷水灭火系统设计规范》(GB 50084—2017)

《建筑灭火器配置设计规范》(GB 50140—2005)

《气体灭火系统设计规范》(GB 50370—2005)

《民用建筑节水设计标准》(GB 50555—2010)

《水喷雾灭火系统技术规范》(GB 50219—2014)

《二次供水工程技术规程》(CJJ 140—2010)

《建筑与小区雨水控制及利用工程技术规范》(GB 50400—2016)

《建筑给水排水及采暖工程施工质量验收规范》(GB 50242—2002)

《自动喷水灭火系统施工及验收规范》(GB 50261—2017)

《给水排水管道工程施工及验收规范》(GB 50268—2019)

《全国民用建筑工程设计技术措施(2009年版)》《给水排水》分册

《建筑工程设计文件编制深度规定(2016年版)》

《民用建筑太阳能热水系统应用技术标准》(GB 50364—2018)

《消防给水及消火栓系统技术规范》(15S909—2018)

《自动喷水灭火系统设计》(19S910)

《民用建筑供暖通风与空气调节设计规范》(GB 50736—2012)

《工业建筑供暖通风与空气调节设计规范》(GB 50019—2015)

《辐射供暖供冷技术规程》(JGJ142—2012)

《严寒和寒冷地区居住建筑节能设计标准》(JGJ26—2018)

《锅炉房设计标准》(GB 50041—2020)

《城市区域环境噪声标准》(GB 3096—2017)

《气体灭火设计规范》(GB 50370—2005)

《建筑防烟排烟系统技术标准》(GB 51251—2017)